国家自然科学基金项目资助

复杂产品
二维保修决策模型

程中华　董恩志　荣丽卿　王荣财◎著

U0234717

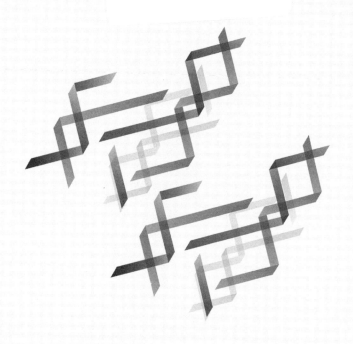

北京理工大学出版社
BEIJING INSTITUTE OF TECHNOLOGY PRESS

内 容 简 介

当前,在制定复杂产品二维保修决策的方法中,缺乏系统、有效的理论指导,通常借鉴相似产品或依靠经验进行决策,存在保修决策科学性不足的问题。为了有效解决这个问题,本书充分地研究了保修的现状,系统地梳理了相关基础理论知识,依据不同产品的特点将其划分为不同的保修类型,并从单部件系统与多部件系统、一维保修与二维保修、初始保修与延伸保修等不同角度系统论述了产品保修决策的相关理论、技术和方法。

本书可以作为高等院校、科研单位人员学习复杂产品二维保修决策理论与技术的书籍,也可以作为产品保修决策研究及教学方面的参考书。

版权专有　侵权必究

图书在版编目(CIP)数据

复杂产品二维保修决策模型 / 程中华等著. –– 北京:
北京理工大学出版社,2023.5
ISBN 978 – 7 – 5763 – 2358 – 0

Ⅰ. ①复… Ⅱ. ①程… Ⅲ. ①工业产品 – 保修 – 决策
模型 Ⅳ. ①TB114.2

中国国家版本馆 CIP 数据核字(2023)第 081939 号

责任编辑:刘　派	**文案编辑:**侯亿丰
责任校对:周瑞红	**责任印制:**李志强

出版发行 / 北京理工大学出版社有限责任公司

社　　址 / 北京市丰台区四合庄路 6 号

邮　　编 / 100070

电　　话 / (010)68914026(教材售后服务热线)
　　　　　　(010)68944437(课件资源服务热线)

网　　址 / http://www.bitpress.com.cn

版 印 次 / 2023 年 5 月第 1 版第 1 次印刷

印　　刷 / 保定市中画美凯印刷有限公司

开　　本 / 710 mm×1000 mm　1/16

印　　张 / 10.75

字　　数 / 197 千字

定　　价 / 62.00 元

图书出现印装质量问题,请拨打售后服务热线,负责调换

前言

　　复杂产品具有使用高技术、采用复杂工艺、零部件数目庞大、产品结构层次较多、零部件与产品之间变化较多，同时具有高价值的产品①。随着工业制造技术的进步，复杂产品已经广泛存在于生产生活的各个领域，大型通信系统、航空航天系统、大型船舶、电力网络控制系统、高速列车、复杂武器装备都属于复杂产品。本书主要研究复杂武器装备（简称复杂装备②）产品的二维保修决策。复杂装备是由产品承制单位（卖方）以合同形式为部队提供的一种责任，保修合同是产品的重要组成部分。在保修合同中，通常规定了承制单位在合同期内应该履行的职责，包括对产品进行保修的时机、保修的范围，以及要达到的标准等内容。

　　合理地进行保修决策、制订保修合同是保证部队和承制单位双方利益的基础。随着新时期军事变革的不断深入，复杂装备正在以前所未有的速度研制、生产并将陆续列装部队，使部队的整体作战能力得到质的飞跃，同时也对我军装备维修保障能力的建设提出更高的要求。保修是产品售后服务的主要内容之一。研究复杂产品的保修期，科学分析不同保修策略下的费用和可用度，不仅可以为产品采购部门签订采购合同或售后技术服务合同提供科学的决策依据，同时对于复杂装备尽快形成战斗力和保障力具有非

---

① 此处参考了《管理科学技术名词》第一版对"复杂产品"的定义。
② 本书的"复杂产品"与"复杂装备"具有相同含义，根据情况分别使用"复杂产品"或"复杂装备"，在含义上不做具体的区分。

常重要的理论和现实意义。本书在借鉴国外先进保修研究成果及相应维修理论与方法的基础上，结合我军复杂装备的特点，把预防性维修引入到复杂装备的保修中，分别以单部件（单系统）和多部件系统为研究对象，综合考虑一维保修与二维保修、初始保修与延伸保修，建立基于费用和可用度的保修决策模型，提出保修决策方案，定量分析不同保修策略下的费用和可用度。具体研究如下：

保修的相关理论基础。系统分析保修的内涵，按照维修活动与故障发生的次序将保修策略分为修复性保修策略和预防性保修策略，而按照保修期的维度将保修方式分为一维保修方式与二维保修方式。结合复杂产品的特点，明确保修决策研究的需求，并从定性的角度分析了复杂产品保修决策流程，同时讨论保修建模的影响因素和相关基础知识、技术，为后续研究奠定基础。

结构相关多部件系统保修决策建模研究。结构相关性是多部件相关性中的常见形式。多部件系统常见结构有串联结构、并联结构、混联结构、冷储备结构等。不同结构的多部件系统，保修决策模型不同。针对结构相关多部件系统，分别采用一维保修方式和二维保修方式，基于更新保修策略，定量分析不同保修期下的保修费用。案例分析中，结合 Monte Carlo 仿真法，对比了不同保修期条件下保修费用的变化趋势，为科学地制订保修决策提供合理的依据。

经济相关多部件系统保修决策建模研究。经济相关性就是对系统部件的维修工作进行组合后，系统的保修费用高于或低于分别保修费用之和，分别对应正经济相关性与负经济相关性。由于将部件维修工作组合通常会减少预防性维修准备费用的支出，因此正经济相关性更为常见。针对经济相关多部件系统，考虑在保修期内采取功能检测和定期更换策略，分别建立一维保修费用模型与二维保修费用模型，结合案例对经济相关的多部件系统提出了保修决策方案，并进行了验证分析。

关键部件联合预防性二维保修决策模型。将二维保修单部件作为研究对象，采用部队和承制单位联合预防性保修策略，结合非齐次泊松过程理论和不完全维修理论，综合考虑保修期内的费用和可用度，以费效比最小为目标建立保修决策模型，确定预防性维修间隔期，以及部队和承制单位执行预防性维修的时机，辅助相关部门进行预防性维修决策。

复杂产品联合预防性二维保修决策模型。综合考虑多部件串联结构相关关系和经济相关性，采用部队和承制单位联合预防性保修策略，在关键部件联合预防性二维保修决策模型研究的基础上，针对二维保修期的串联多部件进行预防性维修工作的组合优化，建立基于费用和可用度的联合预防性保修决策模型，并通过案例进行验证。

复杂产品二维延伸保修决策模型。延伸保修是指产品初始保修期结束至军队形成自主维修能力之前的这段时间，军方支付一定费用将产品或系统交由承制单位进行维修，以满足战备完好率要求。针对适用于二维延伸保修策略的系统，采用加速失效时间模型构建二维故障率模型，基于不完全维修策略建立二维延伸保修费用和可用度模型。在此基础上，分析不同延伸保修模式下的最优延伸保修期和价格决策方案，并进行案例分析。

本书内容通过集体讨论、统一思想，发挥各自专长而完成。程中华撰写第1章、第2章、第3章，董恩志撰写第4章、第5章，王荣财撰写第6章、第7章，荣丽卿撰写第8章，全书由程中华统稿。特别感谢路晓波、张晓良对本书出版工作的支持，李欣玥、杨志远、王谦、岳帅、李震在文献阅读、资料收集与书稿校对方面做了大量工作，一并表示诚挚的谢意。

产品二维保修决策理论与技术研究是一项前沿性、创新型的工作，由于作者水平有限，有些问题的研究深度还相对不够，书中难免有一些不成熟或肤浅之处，敬请各位读者批评指正。

著者

2022 年 3 月于石家庄

目　录
CONTENTS

第1章

绪　论

1.1　研究背景

随着科学技术的发展和"军工战略"的实施，一大批高技术新型复杂装备正在以前所未有的速度研制、生产并将陆续列装部队。与一般技术产品相比，复杂产品性能先进、结构复杂、系统性强，但同时保障费用高，保障难度大。很多产品的寿命受日历时间、使用程度等因素的共同影响，过久的使用时间或过高的使用强度将加快产品部件的退化速度、增加产品的故障强度，因此很多产品的寿命都具有日历时间与使用时间两个度量指标。与之相适应，二维保修策略应用较为广泛。

经过多年建设，我军装备保障体系和保障能力得到了优化和提升，但要完全依靠自身维修建制力量完成高新技术产品的深度修理、重大任务专项保障等任务，仍有较大难度，而装备承制单位技术力量较强，相关设施设备比较配套，在产品保障能力建设上具有很多有利条件。如何从承制单位和部队使用单位的角度为复杂装备确定科学合理的二维保修期和预防性维修间隔期，综合考虑维修费用和可用度，权衡承制单位和部队使用单位双方的利益需求，既充分利用承制单位的宝贵技术资源，又保持军方建制力量核心保障能力，尽快使复杂装备形成战斗力，是当前装备管理和保障部门亟待研究和解决的重要问题。

保修期（Guarantee Period）是指承制单位对其产品实行包修、包换、包退（俗称"三包"）的责任期限。在规定的贮存、使用保证期内发生设计、质量问题，由承制单位承担责任，并无偿给予修复或更换；在规定的贮存、使用保证期外，以及虽在规定的贮存、使用保证期内，但因保管贮存和使用维护不当造成故障或损伤，承制单位应找使用单位要求，给予有偿服务（国家军用标准 GJB/Z3—1988)。保修期，又称质量保证期，是军队常用的概念，本书主要讨论"三包"中包修的情况。为研究方便，将包修的责任期限称为保修期（Warranty Period）。

对于一个或一批质量水平一定的复杂装备来说，由于性能和复杂程度都有很大的提高，仅靠部队现有的建制维修力量很难在使用初期满足装备的维修需求，因此使用单位希望能够得到较长的保修期。但是对于承制单位来说，保修期越长，产品的故障次数会越多，而且通常备件较贵，维修费用也就越高，因此希望保修期越短越好。保修期对部队使用单位而言是产品使用价值的部分，缩短保修期意味着降低产品的使用价值；保修期对承制单位而言是产品成本的部分，延长保修期意味着增加产品成本。

目前我军产品的保修通常是以系统级或系统级以上单位进行，特殊部件或关键件可以单独保修，保修期的长短主要由产品采购部门采用经验、基于验收技术规范来签订。保修的策略是以修复性保修策略为主，即在保修期内产品发生质量问题，由军事代表室督促厂家负责及时无偿修复或更换（国家军用标准 GJB 5711 –2006）。实际上，如果在产品的保修期内，采取主动的预防性维修措施，对产品的保修费用和可用度将会产生很大的影响。研究预防性保修策略下的复杂产品二维保修期，科学分析不同保修期下的费用和可用度，对于保证产品质量、提高产品完好率和增强部队战斗力具有非常重要的理论和现实意义。

1.2 研究需求

武器装备产品有一个从立项论证、研制生产、保障使用到退役淘汰的完整发展过程，这个过程称为武器装备产品的全寿命周期[1]。保修介于产品全寿命周期的研制生产阶段和使用保障阶段之间，若能恰当合理地进行主动预防性保修，则能够保证产品在保修期内有较高的质量或可用度，降低产品的故障率，延长产品的使用寿命。产品采购合同是军队具有法人资格的部门与承制单位就购买军品所签订的合同。承制单位在产品采购合同中所提供的一切无偿服务皆以保修期为基础，保修期内所提供的服务质量能够进一步满足部队的任务性要求，在合同中签订的保修策略、内容等将直接影响到武器产品的全寿命经济效益和作战效能。

当前军用产品保修方案的确定一般把整体产品或关键部件作为一个对象，通过经验给出其保修方案，这种方法缺乏一定的科学依据，尤其针对复杂装备，如果以基于经验的保修方案来完成保修，部队很难在这样短的时间内形成自己的保障能力。实际上，对于复杂装备来说，尽管某些关键单部件或单系统需要进行单独维护，保修期需要进行单独确定，但是由于结构复杂，还应考虑以多部件系统为研究对象确定保修期。有时多部件系统中各部件之间存在一定的相关性，还需要基于相关性进行保修方案决策，这样使研究更贴近实际，更便于工程应用。

本书关于复杂产品保修决策的研究主要结合国内外产品保修的研究现状，以预防性保修为前提条件，并根据产品的恢复程度（完全保修、不完全保修、最小保修），对单部件（单系统）、故障独立的多部件和故障相关的多部件系统等多个对象开展保修期研究。同时，为充分考虑我军方的需求，以费用和可用度为目标对保修期进行讨论。

1.3　研究目的和意义

研究目的是根据产品类别和保修情况的不同，分别以单部件（单系统）和多部件系统为研究对象，建立考虑二维保修和预防性保修（即保修期内进行预防性维修）、基于费用和可用度的保修期决策模型，提供保修期确定方案，定量分析不同保修期下的费用和可用度，确定科学合理的保修期，为产品采购部门签订采购合同或售后技术服务合同提供科学的决策依据，满足部队的经济性和任务性要求。

此项研究是目前维修保障领域的前沿性课题，是一项开创性研究工作，其成果具有非常重要的理论和现实意义。

一是有助于丰富维修决策理论与技术。当前国内外开展的维修决策研究主要以产品的使用阶段（通常不包括售后服务阶段）为主，很少对产品的保修期进行决策建模分析。本书通过建立考虑预防性保修、基于费用和可用度的保修期决策模型，确定产品的保修期，一方面可以提供一套保修期决策方案，提高保修期确定的科学性，另一方面也可以弥补产品研制生产阶段保修期确定方法和技术的空白。

二是有助于增强军队与承制单位签订产品采购合同的合理性。通过选择恰当的保修策略，提供科学合理的保修期决策方案，可以使产品采购部门直观地掌握不同保修期方案下的费用、可用度以及单位时间费效比等保修信息，进而与承制单位进行会谈磋商。承制单位和部队使用单位可以根据不同的保修费用和可用度要求，选取合理的保修期，既能满足承制单位和部队使用单位的利益，又可以提高部队的任务性要求。

三是有助于缩短复杂装备形成战斗力和保障能力的周期。通过确定科学合理的保修期，在复杂装备列装部队的初期，可以将承制单位的产品保障力量最大程度"嵌入"到军队的装备保障系统中去，实施军民一体化保障。对于科技含量过高、技术过于复杂的产品，不仅可由原产品生产厂家提供长期维修保障服务，还可使其负责培训或协助培训军队装备维修保障人员，这样可以大大提高军队产品保障能力的形成效率，缩短保障能力的形成周期，提升整体的保障效益。

1.4　保修的相关概念

1.4.1　保修的内涵

保修是由厂家（卖方）以合同形式提供的一种责任，并且保修合同是所销售产品的重要组成部分。保修合同中明确指出，当产品售出后，在特定的时间（即通常所说的保修期）内和特定的使用强度下，该产品出现了某种程度的缺陷或发生故障导致产品无法使用或无法达到它应有的功能时，厂家（卖方）必须根据保修合同赔偿或补偿使用者（买方）。保修合同中同样也清楚地说明了使用者（买方）购买产品后所需注意的事项[2]。保修合同是买卖双方之间具有法律效力的契约，其目的在于产品故障时约束厂家（卖方）所需承担的责任[3]。

从法律的角度可将保修分为外函式保修（Express Warranty）以及内函式保修（Implied Warranty）[4]。外函式保修是指买卖双方针对产品应有的功能与效能签订书面协议或是口头做出承诺。例如，美国的商业规章条例（Uniform Commercial Code，UCC）与梅可森－摩司法案（Magnuson－Moss Warranty Act，MMWA）就是针对外函式保修进行规范，而我军军用产品的保修就是通过军工产品售后技术服务实现外函式保修。内函式保修则是一种通过非书面或口头承诺方式的保修，但内函式仍受到法律明文规定。例如，《商品标示法》及《产品质量法》中规定产品应有的标示方法就属于此范畴。

保修是几乎所有商业和政府采购交易的主要组成部分。厂家对保修的观点与使用者对保修的观点有很大差别，预防性保修是保修发展的一个趋势，而在保修期内进行预防性维修对于厂家和使用者的影响更大[5]。

（1）厂家的观点。

从厂家的观点来看，保修在产品交易过程中的一个主要作用是保护厂家的利益。保修合同通常指定产品如何使用、产品的使用条件和适用范围等，厂家可以通过技术规格来要求产品的使用和维护，更进一步保护自身利益。保修第二个比较重要的作用是提升厂家的信誉。如果厂家能够提供较长的保修期，保证产品在保修期内的质量状况，及时对出现的故障进行修复，尤其进行适当的预防性保修，将有助于降低保修费用，提高厂家效益，还有助于提升厂家信誉，提高厂家在企业中的竞争力。

（2）使用者的观点。

从使用者的观点来看，保修在产品交易过程中的主要作用是保护使用者的权益（提供一种补偿手段）。当产品在正常使用过程中不能完成所指定的功能或发生故障时，保修会让使用者相信，该产品将会得到无偿的修复或更换或仅需支付很少的费用。保修的第二个比较重要的作用是给使用者提供一种信息。很多使用者根据产品保修期的长短来推断该产品是否更可靠，对于复杂的产品或系统，采取适当的预防性保修，还有利于满足使用者的性能要求、减少损失等。对于军工产品，由于使用者的特殊性，保修合同可以在购买产品时进行会谈磋商，而不是简单地由厂家指定。

此外，由于保修决策和维修决策的相似性，在这里有必要对保修决策与维修决策的关系加以说明。维修是保修工作得以实施的具体表现，保修的效果最终通过维修的效果实现，二者之间的具体联系为：维修是实施保修中的具体工作，保修决策包括对维修策略的选择和保修方式的选择，保修决策的核心工作为保修方式和维修策略的结合，得到最优的保修工作效果。以此来看，保修决策所包含的范围更大，而维修决策隶属于保修决策的范畴。本书的核心工作就是以复杂产品为研究对象，探索不同的保修方式和维修策略的结合形式，从而使保修效果达到最优。

1.4.2　保修策略的分类

保修策略是指从一定的安全、经济、技术和环境等因素来考虑，对产品或零部件所进行的保修方式、程度和依据的规定[6]。在过去的几十年里，工业系统的复杂程度发生了巨大变化，选择恰当的保修策略可以提高系统的可靠性。随着科学技术的日益发展，产品的复杂程度越来越高，原有的保修策略已不能满足厂家和使用者对现代复杂产品的要求，保修的策略也变得更加多样。具体而言，按照产品保修期内的维修策略、保修维度、保修范围和保修服务期更新情况，可将产品保修策略分为修复性/预防性保修、一维/二维保修、初始/延伸保修和更新保修/非更新保修，如图1-1所示。

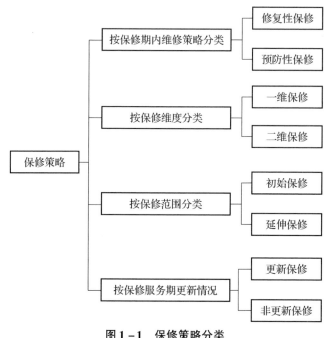

图1-1 保修策略分类

1. 修复性/预防性保修

修复性保修策略是指当产品在保修期内发生故障时，根据保修合同内容，厂家对产品的故障或缺陷进行的维修。一般情况下所说的保修策略主要指的是修复性保修策略，依据产品的不同特性、售后服务与厂家需求，可以将修复性保修策略分为以下几种[7]：

免费更换保修（Free Replacement Warranty，FRW）。在免费更换保修策略下，厂家对保修期内产品或部件的故障、缺陷等给予无偿更换。在这种保修策略下，使用者在产品或部件故障时无需支付任何费用即可获得补偿，如新汽车保修、家电用品等就经常采取此种保修方式。

按比例保修（Pro-Rata Warranty，PRW）。按比例保修是指当产品在保修期内发生故障而必须进行保修或更换时，厂家和使用者双方都必须支付相应比例的费用来处理产品的故障问题；当产品在保修期结束后发生故障，使用者必须支付全额价格的费用进行维修或更换。这种保修策略常用于不可修复产品。

免费更换与按比例组合保修（Combination of Free-Replacement and Pro-Rata Warranty）。结合上述两种策略的保修，在这种保修策略下，通常是在保修的初始阶段采取免费更换的保修策略，一旦超出这个初始阶段后，保修策略改为按比例保修。这种组合保修策略目前在民用产品中使用比较常见，它不仅有效促进了销售量，而且能够使厂家和使用者在一定程度上控制保修费用。

可靠性改进保修（Reliability Improvement Warranty，RIW）。可靠性改进保修通常在批量采购的合同或是高度复杂且昂贵的科技产品采购合同中使用，这类保修是经过厂家和使用者双方会谈磋商后所共同订出的保修条款。它的主要目的在于通过提供给厂家额外的费用来激励厂家对其所售出的产品进行可靠性的持续改进以及维修上的改善。

预防性保修策略，是在发生故障之前，为使产品保持在规定状态所进行的各种保修活动。它通常包括擦拭、润滑、调整、检查、定期保修和定期更换等活动。这些活动的目的是在产品故障前发现故障并采取措施，防患于未然。预防性保修适用于故障后果危及安全或影响任务的完成，导致较大经济损失的情况。工龄更换、成组更换、功能检测和故障检查都是常见的预防性保修措施。

①按照保修工作内容不同，定期预防性保修策略可以分成定时保修和定时更换两种策略。定时保修指产品使用到规定时间予以拆修，通过分解、清洗或翻修使其恢复到规定的状态，有效地预防具有明显损耗期的产品发生故障。定时保修策略还可以根据保修恢复程度的不同将其分为定时完全保修和定时不完全保修等；定时更换是指按一定的间隔期用新的产品或部件替换旧的使用中的产品或部件。当定时更换的时间到达时，不管产品当时的可靠性状态如何，都将按计划更换，主要适用于寿命可知的产品或部件，以避免故障的发生。定期预防性保修相对简单，合理做好保修计划能够减少或避免故障的发生，提高产品或部件可用度。

②基于状态的保修是以状态为依据的维修。在产品运行时，对它的主要（或需要）部件进行定期（或连续）的状态监测和故障诊断，判断产品所处的状态，预测产品状态的发展趋势，依据产品状态的发展趋势和可能的故障，预先指定预测性维修计划。由于基于状态的保修策略需要投入较高的资金用于配置状态监测和故障诊断设备，花费的人力物力也较大，所以通常在保修期内适合使用基于状态的保修的情况相对较少。

2. 一维/二维保修

不同产品的保修期参数存在差异，按照参数数量可将产品的保修分为一维保修和二维保修。一维保修通常以时间作为保修期的参数，常见的产品有计算机、手机或家用电器。二维保修是以日历时间和使用程度组成的二维保修平面区域，代表产品有汽车（日历时间/行驶里程）、起重机（日历时间/起重次数）、飞机（日历时间/起降次数）等。

在一维保修期内，产品保修策略和维修策略取决于产品恶化程度和剩余产品保修期两个因素。为了降低产品一维保修成本，诸多学者提出了不同的保修策略和维修策略，对维修时间、维修程度和维修方式等技术策略进行优化。与一维保修期不同，二维保修期的终止条件主要分为两种情况：第一种是产品保修参数同时到达临界值；第二种是产品保修参数任意一个到达临界值。按照用户的不同使用习惯，产品的二维保修结束类型可分为时间到达和使用程度到达两类。因此，与一维保修保修相比，二维保修可为保修服务提供商节省保修成本，同时用户如果寻求更长的保修期就必须控制产品的使用率，这在一定程度上有利于规范用户的使用行为。

3. 初始/延伸保修

初始保修是指产品在正常使用条件下，制造商或销售商向用户提供在约定产品保修期内的维修、更换、检查等方面的服务，含有义务性质，不具有选择性。与初始保修不同，延伸保修属于用户自愿购买服务，是对初始保修期及内容的补充和拓展。随着制造技术的进步，产品质量和可靠性的不断提高，初始保修服务已经难以满足用户的售后服务需求。延伸保修服务在满足用户售后服务需求的同时，可以给制造商带来新的利润来源。

初始保修策略关系制造商的利润水平，一直以来是制造商关注的重点问题。在初始保修期延长、开发新的利润来源、延伸保修服务需求凸显的市场环境下，延伸保修策略将是保修领域的关键研究内容。延伸保修模式可分为完全外包型和部分外包型。完全外包型是指在复杂产品初始保修期结束后，除常见故障和日常保养外，完全交由承制单位进行延伸保修直至复杂产品停止使用。完全外包实际上是承制单位对复杂产品实施的全寿命维修保障，可以促使承制单位在研制生产阶段重视系统可靠性、维修性和保障性，降低后期使用维修费用，能够充分利用承制单位维修技术和资源。部分外包型是指复杂产品初始保修期结束后，由于军方尚未形成自主维修能力而将部分修理任务交给承制单位进行延伸保修，直至军方形成完全自主维修能力。本书第8章讨论了这两种延伸保修模式在某新型自行火炮产品发动机系统中的应用。

4. 更新/非更新保修

根据保修服务期内发生故障后处理保修期的方式可将保修服务分为更新保修服务策略和非更新保修服务策略两类。更新保修服务策略是指在保修服务周期内某时刻 t 产品发生故障后进行维修后，保修服务期归零，重新开始计时。非更新保修服务策略则是指无论保修服务期内进行多少次维修活动，保修期不变直到保修期终止。一维更新保修周期和一维非更新保修期如图 $1-2$ 所示。一维更新保修服务策略的保修周期长度 T 为随机变量，具体取值由保修周期内的故障次数 N_s 决定。N_s 也是随机变量。设 t_i 为两次故障的间隔时间，则 $t_i < W(i=1,2,\cdots,N_s)$，这时一维更新保修服务周期 $T = t_1 + t_2 + t_3 + \cdots + t_{N_s} + W$。对于非更新保修服务策略，保修周期长度 $T = W$。

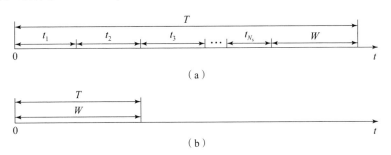

图 $1-2$ 一维更新保修期和一维非更新保修期

（a）一维更新保修期；（a）一维非更新保修期

除上述分类方式外，鉴于军用产品的特殊性，保修又可分为独立保修与联合保修。其中，独立保修包括部队独立保障型保修和承制单位独立保障型保修。前者是指部队在保修期内能够对复杂装备独立开展维修保障工作；后者是指承制单位在保修期内对复杂装备独立开展维修保障工作。联合保修包括承制单位辅助保障型模式和部队与承制单位联合保障型保修模式。其中，前者是指在保修期内以部队为主要维修力量对复杂装备开展维修保障工作，承制单位仅作为辅助维修力量，为部队开展维修保障工作提供必要帮助；后者是指部队与承制单位在保修期内充分发挥各自的优势，共同完成复杂装备的维修保障任务，承制单位主要开展一些复杂程度较高的维修保障工作，而部队主要开展一些复杂程度较低的维修保障工作。本书的第 4 章、第 5 章和第 8 章均为独立保障型保修的应用，而第 6 章和第 7 章重点关注部队与承制单位联合保障型保修模式。

1.4.3 保修期和预防性保修间隔期

1. 保修期

保修期（又称质保期），是装备在列装前由军方和承制单位共同确定的保修服务期限。按照保修期的维度，可将保修分为一维保修、二维保修和多维保修。在产品买卖双方共同遵守保修合同等相关规定的前提下，产品的保修期是由产品使用达到某种期限来决定。按照决定保修终止期限的计算单位（维度）数量的不同，可将保修期分为一维保修期、二维保修期和多维保修期，简称为一维保修、二维保修和多维保修。产品保修期的类型，与影响产品退化因素的数目有着直接关系。

对于退化仅受一个因素影响的部件，如某型号防空导弹武器系统中的发射转塔仅随使用时间进行退化，使用时间越长，其可靠度就越差，越容易出故障。对于这类部件，其保修期就是以使用时间为单一的计算单位进行确定，或者说是在使用时间维度确定的一维保修期。对于一维保修部件，通常以日历时间为期限来确定保修期，如图 1 – 3 所示，当部件的使用时间达到 T_w 时，保修服务终止。

图 1 – 3　典型一维保修期

对于退化同时受两个因素影响的部件，如某型号防空导弹武器系统中的发动机，同时受使用时间和使用度进行退化，当发动机摩托小时越长或者相应产品行驶里程越长时，发动机的可靠度就越差。对于这类部件，其保修期就是以使用时间和使用度两个计算单位共同进行确定，或者说是在使用时间和使用度这两个维度上共同确定的二维保修期，如图 1 – 4 所示，矩形阴影部分表示部件保修期的覆盖区域，当使用时间到达 T_w 或者使用度到达 U_w 时，保修服务终止。图中的两条曲线 r_1 和 r_2 表示部件使用度随使用时间的变化情况，曲线的斜率表示部件的使用率。随着使用时间的延长，两个用户对部件的使用度也随之增长，不同用户对部件的使用率不同。对于使用率较高（r_1）的部件，当使用度到达 U_w 时保修服务结束；对于使用率较低（r_2）的部件，则当使用时间到达 T_w 时保修服务结束。在二维保修部件中，常见的是以使用时间和使用度（如车辆的行驶里程、橡胶轮胎的磨损程度、飞机的起落次数等）为期限决定保修期终止。多维保修，则是指由两个以上计算单位共同确定的保修期。

保修期长短对厂家和使用者的利益和需求都会产生影响。美国联邦贸易委员会在 1985 年的调查中发现，75% 的使用者愿意额外多支付一点费用选购更长的保修。同样，Kelley[8] 发现较短的保修期对于使用者的偏好而言，是负面的影响。若保修期并非依据产品实际的质量与可靠性信息来决定，厂家将会因为使用者在保修期内对产品故障的抱怨和更换产品的花费而导致更严重的问题。

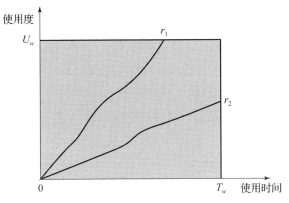

图 1 - 4 典型二维保修期

2. 预防性保修间隔期

预防性保修间隔期 T，或称预防性保修周期，简称保修间隔期或间隔期，是指在保修期内为预防产品故障或因缺陷产生的严重后果，使其保持在规定状态，按事先安排的内容对产品进行定期保修工作时所预先规定的一个时间间隔期。预防性保修策略按照工作类型，可划分为定时更换策略、功能检测策略和使用检查策略。定时更换策略可使产品恢复到新品状态。由于大多数产品在发生功能故障前均会出现某种征兆，因此功能检测策略主要目的是及时发现征兆，采取预防性保修措施避免功能故障发生。使用检查策略是指通过使用操作对产品进行的定性检查，如果检查时发现故障需及时进行修理或更换。

3. 二者之间的相互关系

从产品全寿命周期的角度来分析，若 T（预防性保修间隔期）$> W$（保修期），则说明产品在保修期内没有预防性保修活动，只进行故障后保修；若 $T = W$，则说明产品在保修期内同样只进行故障后保修；若 $T < W$，则说明产品在保修期内进行若干次预防性保修，分析结果如图 1 - 5。本书研究预防性保修（保修期内进行预防性维修），即假定 $T < W$。

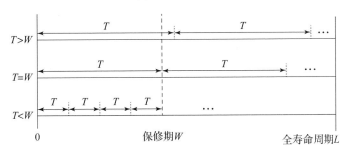

图 1 - 5 保修期和预防性保修间隔期关系

1.5 国内外保修研究现状

保修问题的研究最初从地方企业开始，随着市场经济的发展，当产品价格竞争的利润空间受限时，对以包修、包换、包退为售后技术服务主要内容的非价格竞争越来越受到重视。国内外许多学者对保修问题进行了研究，研究成果在许多企业中得到了实践，并在生产决策和营销中起到了积极作用。目前国内外对于保修问题的研究，主要是从厂家的角度出发，研究采用不同的保修策略（修复性保修策略或预防性保修策略）使保修期内的保修费用（即额外成本）降低，或者使厂家从长远角度考虑的效益得到提升。下面从修复性保修和预防性保修的角度对国内外民用保修研究现状进行综述，对美军装备保修现状做简要介绍，并对研究现状进行分析。

1.5.1 二维保修研究现状

二维保修是指同时采用两个维度确定产品的保修期，通常一个维度代表日历时间，另一个维度代表使用程度。许多资本密集型产品，如汽车、飞机发动机或其他重型设备都采用二维保修策略。这两个维度有一个达到阈值，产品的保修服务即被终止。一般来讲，不同的二维保修策略所形成的平面区域的形状是不同的。图 1-6 展示了常见的矩形区域，该矩形区域是由日历时间约束 T 与使用时间约束 U 构成的。对于用户一而言，由于其使用较为频繁，所以使用时间会先到达使用时间约束 U，保修即被终止；对于用户二而言，由于其使用较为节省，所以日历时间会先到达日历时间约束 T，保修也被终止。有关二维保修在学术界已经开展了大量研究，本书主要对二维保修建模的文献进行分类分析，分别从二维保修策略研究现状、二维保修成本研究现状以及二维保修其他方面研究现状 3 个方面进行综述。

1. 二维保修策略研究现状

关于二维保修策略已经开展了大量的学术研究。从维修类型上划分，可以分为预防性保修策略与修复性保修策略；从维修程度上划分，可以分为完全维修保修策略、不完全维修保修策略以及最小维修保修策略；从保修期限上划分，可以分为基本保修策略与延伸保修策略。

Wang 和 Xie 对二维初始保修政策的相关理论方法和实际应用进行了详细的回顾和总结[9]。在二维保修政策下，Wang[10] 研究了定期预防性维修商品的最佳保修策略，提出了一种新的升级模型，其中预防性维修的成本由消费者

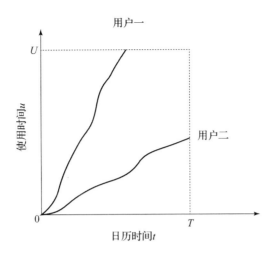

图 1 - 6　二维保修周期图

和制造商双方分担。Huang[11]以可修产品为研究对象，采用双变量法构造产品的故障率函数，基于双变量威布尔分布分析产品的退化过程，同时考虑产品的日历时间和使用程度，采用定期预防性维修策略，建立了可修产品的二维初始保修成本模型。参考文献［12］另辟蹊径，针对二维保修产品，提出了一种基于最小维修和故障更换的保修策略，使用加速故障时间（AFT）模型来描述使用率对产品退化过程的影响，通过优化求解得到最低保修成本。参考文献［13］定义了一个基于可用保修区域的吸引力指数来描述二维保修期对不同使用率客户的吸引力程度。从制造商的角度出发，以期望利润最大化为目标，设计了最优的二维初始保修期，并通过数值算例证明了该方法的有效性。在国内，王谦[14]研究了一种新型的不完全预防性维修策略，同时考虑制造商和用户执行不完全维修时的修复因子，构造二维初始保修成本模型，并得出包含维修时机的最优保修决策方案。

2. 二维保修成本研究现状

对于生产者而言，二维保修成本始终是其最关心的问题，过高的保修成本会压缩生产者的利润；如果生产者刻意控制保修成本（如缩短保修期，减少相关服务等），又会导致销量的锐减，大量的文献研究了二维保修成本方面的相关问题。

Shafiee[15]针对二手产品，提出了全新的二维保修策略，并通过模型对二维保修成本进行了讨论。Jack[16]为了降低保修期内的保修成本，对二维保修中的最优维修策略开展了研究。Karim[17]针对不可修产品，提出了全新的二维保修策略，建立了双变量指数模型，最终对保修成本进行了求解。Su 和

Shen[18]提出了两种延伸保修策略——一维延伸保修策略与二维非更新延伸保修策略，建立了相应的保修分析模型，分别计算了 3 种维修类型，即最小维修、最小维修 - 不完全维修、最小维修 - 完全维修的保修成本。Majid 和 Wulandhari[19]提出了确定延伸保修最优期限与成本的框架，使用了二维延时时间模型优化了延伸保修期。二维延时时间模型是通过实际时间与英里数来刻画，确定了延伸保修的延时时间分布，优化成本以及延伸保修期。于俭[20]以不完全维修改善因子与时间域为优化变量，建立了不完全维修下二维产品的保修成本模型。

3. 二维保修其他方面研究现状

二维保修领域，除了有关二维保修策略与二维保修成本的研究以外，还有很多文献研究了在二维保修中产品的寿命分布问题、二维故障率函数的确定与应用问题以及二维保修服务双赢区间定价问题等。

Manna[21]对二维产品的使用强度与产品最终寿命之间的关系开展了深入研究。Singpurwalla[22]使用了不同的方法来定义日历时间与使用时间之间的关系，通过两者分别服从单一变量分布函数，将日历时间与使用时间分布函数结合起来，最终得到了基于日历时间与使用时间的二维故障分布函数。参考文献［23］通过分析用户在初始保修期内的维修活动记录，将用户分为 3 种类型，提出了一种定制化的二维延伸保修政策，在延伸保修期内采用不完全预防性维修和最小维修策略，并通过算例证明了对用户进行科学分类不仅可以降低延伸保修成本，还有利于制造商在市场竞争中处于有利地位。与此同时，参考文献［24］考虑到不同消费者购买延伸保修服务的时机不同，在延伸保修期内对产品实行不完全预防性维修策略，并求解出最优预防性维修间隔期。Wang 和 Ye[25]在进行二维延伸保修决策建模时，将不同用户的使用率和故障历史考虑在内，基于最小维修构造了二维延伸保修成本模型，以计算期望保修成本和制造商的期望利润。参考文献［26］针对二维延伸保修产品进行故障过程建模，提出了一种灵活的不完全预防性维修策略，并对不同维修程度下的不完全预防性维修次数和保修成本进行优化求解。

1.5.2　二维故障率研究现状

在产品的二维保修领域，关于产品的维修建模，都会涉及到二维故障率函数的构建。二维故障率函数在表达方式上不同于传统的故障率函数，传统的表示方式只是关于时间的单一变量函数，这种表示方法在产品的二维保修建模中会产生很大的误差，因此需要建立恰当的二维故障率函数表达式。在二维保修领域中共有 3 种不同的二维故障率表示方法，分别是双因素变量法（方法 1）、复合尺度法（方法 2）与使用率法（方法 3）。下面分别对这 3 种方法进行论述。

1. 双因素变量法

在这种方法中，首次故障时间用一个二元的联合分布函数 $F(t,u)$ 来表示，t 表示日历时间，u 表示使用时间，其中使用时间可以是打印机的打印张数、汽车的行驶里程等。如果产品发生故障立即被替换，更换时间忽略不计，那么这个故障的过程就是一个二维的更新过程。如果用 $f(t,u)$ 代表累计分布函数 $F(t,u)$ 的故障概率密度函数，那么在文献中有以下两种常见的表示形式：

双变量指数分布[27]，

$$f(t,u)=\frac{\theta_1\theta_2}{1-\rho}\exp\left[-\frac{\theta_1 t+\theta_2 u}{1-\rho}\right]I_0\left[\frac{2\sqrt{\rho\theta_1\theta_2 tu}}{1-\rho}\right] \tag{1-1}$$

其中，变量 t 和 u 大于 0，参数 θ_1 和 θ_2 也大于 0，$0\leqslant\rho<1$。

双变量威布尔分布[28]，

$$f(t,u)=\left(\frac{\beta_1\beta_2}{\theta_1\theta_2}\right)\left(\frac{t}{\theta_1}\right)^{\beta_1/\delta-1}\left(\frac{u}{\theta_2}\right)^{\beta_2/\delta-1}\times$$

$$\exp\left\{-\left[\left(\frac{t}{\theta_1}\right)^{\beta_1/\delta}+\left(\frac{u}{\theta_2}\right)^{\beta_2/\delta}\right]^\delta\right\}\left[\left(\frac{t}{\theta_1}\right)^{\beta_1/\delta}+\left(\frac{u}{\theta_2}\right)^{\beta_2/\delta}\right]^{\delta-2}\times$$

$$\left\{\left[\left(\frac{t}{\theta_1}\right)^{\beta_1/\delta}+\left(\frac{u}{\theta_2}\right)^{\beta_2/\delta}\right]^\delta+\frac{1}{\delta}-1\right\}$$

$$\tag{1-2}$$

其中，变量 t 和 u 大于 0，参数 θ_1、θ_2、β_1、β_2 也大于 0，$0\leqslant\delta<1$。

2. 复合尺度法

在这种方法中，日历时间 t 与使用时间 u 两个度量尺度合并成一个复合尺度 v。通过这种复合尺度方法，故障用一个计数的过程来建立，对于最简单的情况，复合尺度是一个线性的形式，即

$$v=at+bu \tag{1-3}$$

式中，a 和 b 为需要选择确定的参数，详细的参数选择见参考文献 [29]。

乘法的复合方式[30]如式（1-4）所示：

$$v=t^\alpha u^{1-\alpha} \tag{1-4}$$

其中，参数 $0\leqslant\alpha\leqslant1$。

3. 使用率法

在这种方法中，用 $T(t)$ 与 $U(t)$ 分别表示产品的日历时间、使用时间是广义时间 t 的函数，将使用时间看作是日历时间的随机函数，那么二维问题就转化为一维问题。假设 $U(t) = R * T(t)$，两者为线性关系。其中，R 为非负的系数，R 表示每单位时间的使用情况，即使用率，不同的消费者对产品的使用率不同，且同一消费者的使用率保持长期恒定不变，同时 R 服从一定的分布，$G(r) = P(R \leq r)$。根据实际使用消费者的不同，R 服从不同的分布，如图 1-7 所示。

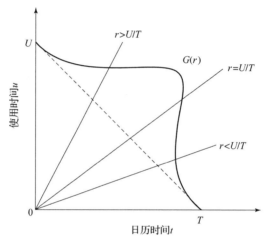

图 1-7　不同使用率常数下的典型时段

对于一个给定的使用率 r，故障率函数用 $\lambda(t|r)$ 表示，是一个关于 t 与 r 的非减函数。故障的过程是一个计数过程，如果故障后产品立即被替换，那么这就是一个更新过程；如果故障后进行最小维修，故障前后故障率不发生改变，那么这就是一个非齐次泊松过程。

在使用率方法中，常用的线性故障率表达式如式（1-5）所示：

$$\lambda(t|r) = \theta_0 + \theta_1 r + \theta_2 T(t) + \theta_3 U(t) \tag{1-5}$$

其中，$T(t) = t, U(t) = rt$，θ_0、θ_1、θ_2 与 θ_3 为大于零的参数。

表 1-1 给出了近年来在产品的二维保修建模中，采用不同故障率表示方法的一个综合分类情况。

表 1-1　二维保修建模故障率方法分类

作者	发表日期	方法
Kim[27]	2000	方法 1

续表

作者	发表日期	方法
Duchesne[31]	2000	方法 2
Pal[32]	2003	方法 1
Baik[28]	2004	方法 1
Majaske[33]	2007	方法 3
Manna.[34]	2008	方法 3
Corbu[35]	2008	方法 1
Jack[36]	2009	方法 3
M. Shafiee[37]	2011	方法 3
S. Varnosafaderani[38]	2012	方法 3
S. Bouguerra[39]	2012	方法 3
S. Varnosafaderani[40]	2012	方法 3
Yeu－Shiang Huang[41]	2013	方法 3
M. Z. Tsoukalas[42]	2013	方法 1
仝鹏[43]	2014	方法 3
Yeu－ShiangHuang[44]	2015	方法 1
Li X Y[45]	2015	方法 1
Han Y C[46]	2015	方法 3

3 种方法在产品的二维保修领域中都有应用，方法 1 与方法 3 的应用最为广泛，尤其在近十年，这两种方法几乎涵盖了所有的二维保修建模问题。对比方法 1 与方法 3 我们发现，方法 1 是二元的分布函数，形式上更切近实际，但是其具体的表达式形式不易确定，参数估计较为复杂，并且该方法在二维保修建模中极其繁琐，求解过程需要做很多近似估计，因而最终输出的结果会存在很大误差；方法 3 假设对个体而言使用率保持长期恒定不变，这一假设可能会与实际有所出入，但是这种假设有效地把二维问题转化为一维问题，便于模型的建立与求解，故采用方法 3 进行二维预防性维修模型的构建。

1.5.3　二维预防性维修研究现状

有关二维保修与二维故障率研究的文献已有很多，现有文献的二维保修研究中，也有很多涉及到预防性维修的问题，但很少有文献考虑到二维预防性维修的问题，因此，本节首先对预防性维修的文献进行综述，然后对二维预防性维修的相关文献予以分析。

1. 预防性维修研究现状

预防性维修是为了预防产品故障或故障的严重后果，使其保持在规定状态所进行的全部活动[47]，其主要包括两类，分别是计划维修（Scheduled Maintenance）和基于状态的维修（Condition – based Maintenance），简称 CBM。计划维修是指根据给定的时间定期对未失效的系统或部件进行维修以防止故障的发生，常用的计划维修策略有定期更换和定期维修；基于状态的维修强调根据具体产品的实际劣化程度来合理地安排维修工作。

自 20 世纪 60 年代以来，研究人员提出了大量的维修策略。维修策略解决的基本问题是何时对系统进行维修、采用何种方式对系统进行维修及维修后系统功能如何[48]。多数维修策略都基于预防维修理念，而这些预防性维修策略优化模型大多是以维修成本最优或者维修效果最优为目标建立的数学模型。

在计划维修决策模型方面。Jia[49]建立了以维修费用最低为优化目标的功能检测时机决策模型，最终通过案例应用对模型的适用性与有效性进行了验证；Bai[50]针对复杂系统，考虑了维修工作组合的问题，建立复合维修工作、故障相关系统以及多故障部件维修周期优化模型；Zhang[51]针对受到外界累积冲击从而发生故障的系统，提出了可靠性和可用度的分析方法，建立了相关的维修率和故障率模型；Richard[52]提出了在不完全预防性维修情况下，通用的可用度模型，并给出了模型的参数估计方法；Yeh[53]考虑了产品故障率递增情况下的定时更换策略，得到了最小的平均长期维修费用；Yeu – Shiang Huang[44]针对于可修产品，使用了二维故障率中双因素变量的方法，在二维保修期限下建立了定期预防性维修费用模型，最终对保修策略进行了优化研究；王禄超[54]针对高新武器产品，研究了在预防性保修策略下的维修策略优化问题。

在 CBM 决策模型方面。吕文元与朱清香[55]针对单部件系统，根据延迟时间理论，构建了总停机时间与维修间隔期之间关系的函数；何厚伯与赵建民[56]研究了基于马尔科夫过程的健康评估问题，建立了基于马尔科夫的健康状态评估模型；谷玉波和贾云献[57]以费用最小为决策目标，对系统最佳的更换时间进行了优化；张星辉与康建设[58]提出了基于混合高斯隐马尔科夫模型的剩余寿命预测方法，大大提高了对剩余寿命预测的精度；Tung[59]、孙磊[60]等人对产品的剩余寿命预测方法进行了深入的研究探讨；谢庆华[61]则以单位时间费用最低为目标函数，构建了单部件系统检查间隔期与预防性维修阈值的优化模型。

2. 二维预防性维修研究现状

Chen 和 Popoval[62]针对可修产品，提出了如图 1 - 8 所示的二维保修策略。如果产品的首次故障出现在由 T_0 与 U_0 组成的二维矩形区域内，那么就对产品进行更换；如果产品首次故障落在剩余的区域内，那么出现故障就开展正常维修。在这样的策略下，以产品的总维修费用最小为目标，对由 T_0 与 U_0 组成的二维矩形区域进行优化，最终得到一组最优的(T_0, U_0)。

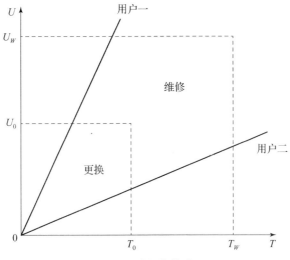

图 1 - 8　二维保修策略图 I

Wang J T[10]在 Chen[62]的研究基础上，提出了更为细致的二维保修策略，如图 1 - 9 所示，其采用以下的维修策略：任何在区域 Ω_1 内（由 T_0 与 U_0 组成的二维矩形区域）的维修都为最小维修；首次故障发生在 Ω_2 内采取更换维修；任何在 Ω_3 内都采取最小维修。同样以产品的总维修费用最小为目标，对所划分的 3 个区域边界进行优化，最终确定最佳的二维保修阈值(T_0, U_0)、(T_1, U_1)。

Hu 和 Bai[63]考虑了二维预防性维修的问题，如图 1 - 10 所示，他们提出在一个完整的二维预防性维修周期内，预防性维修间隔期为(T_0, U_0)，即依据日历时间与使用时间同时进行备件更换的二维预防性维修策略，他们讨论了不同的情况下备件的需求量表达式，最终采用了离散算法对备件需求量进行了求解。

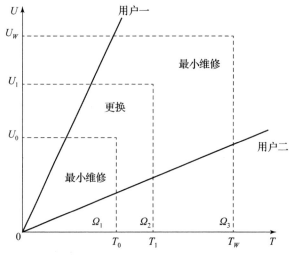

图 1-9　二维保修策略图 Ⅱ

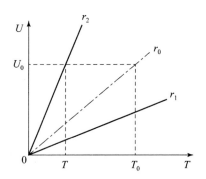

图 1-10　二维预防性维修策略图

1.5.4　复杂系统维修相关性研究现状

不同于单部件系统，复杂系统常常包含若干层次的子系统，如果各子系统之间的物理结构、故障发生甚至维修费用等都是相互独立的，就可以把每个子系统视为单部件，采用已有的单部件优化方法和模型做出决策[64]。事实上，目前所采用的许多维修分析也是在这种独立性假设的基础上来进行的[65]。但是，实际中复杂系统的各个子系统之间存在千丝万缕的联系，因此一个给定子系统的维修决策必然和系统内其他子系统之间存在一定的相关性。

这种相关性是复杂系统的维修决策不同于单部件系统的根源和关键所在，对于这种维修相关性的探索和研究是对复杂系统进行维修决策的起点和基础。近几十年来，越来越多的相关学者和人员开始对这种维修相关性进行探索和研究。其中，存在最普遍也最受关注的是故障相关性、经济相关性和结构相关性[66,67]。

1. 故障相关性研究现状

故障相关性，也称作随机相关性，在复杂系统中主要是指一个部件的状态会影响其他部件的状态。这里的"状态"包括寿命、故障率、故障状态等各种状态度量标准[68]。许多文献都对故障相关性及其分类进行了探讨。Peng等人[69]研究了一个两部件系统，在考虑Ⅱ类故障相关的情况下提出了一个基于Copula函数的相关故障率模型。Liu[70]以保修成本为优化目标，建立了基于Ⅰ类故障相关的可更新免费更换模型。这里我们对其进行分析综合，将维修决策分析中涉及到的相关故障归纳为以下3种情况。

1）共因故障（Common Cause Failure，CCF）

共因故障是指由于一个共同原因而导致多个部件同时发生的故障，它通常与地震、洪灾、飓风和能量中断等现象联系在一起[71]。目前对于CCF比较广泛认可的定义为："一系列相关事件的子集，在这个子集中有两个以上的故障状态同时或在一小段时间内存在，并且是一个共同起因的直接结果。"[72] Liyang Xie（1998）对引发故障相关的根源故障、耦合机制等概念进行了分析，区分探讨了"固有CCF"、"绝对CCF"、"相对CCF"等，并提出了一种基于知识的多维离散共因失效模型[73]。Liyang Xie（1998）研究了管段系统的共因失效，通过建立多部件相关故障模型（MCDF）来处理各管段故障之间的相关性，并采用不同的压力标准差/强度标准差分析比较了传统模型和MCDF模型的结果[74]。Zhihua Tang（2004）提出了一种将共因故障集成到系统分析中的综合方法，通过模糊分析与二元决策图（BDD）利用马尔科夫模型可以实现准确有效的共因失效分析[72]。

2）交互故障（Interactive Failure）

按照相关故障的作用方向区分，上面文献中的各类共因故障均属于单向作用，即一些部件的故障会对其他部件的故障产生影响，而后者对前者则不产生作用。然而许多情况下，部件之间故障是互相影响双向作用的，这被称作交互故障。根据交互故障的后果，可将其分为以下两类：

①致命影响故障交互，即一个部件的故障会导致其他部件立即发生故障，在故障发生前部件之间的状态是独立的。

②非致命影响故障交互，即在故障发生前部件之间的状态是独立的，部件故障的发生会加快其他部件功能退化的速度（如增加其故障率），而不会导致其立即故障。

由于对故障交互影响建模非常困难，模型求解也比较复杂，目前对于故障相关部件的研究主要局限于两部件相关，多数文章只考虑了两部件的情况[75]。例如，高萍（2008）提出了两重威布尔非致命冲击模型用于解决二元相关故障系统的寿命分布问题[76]。但是，也有一些人员致力于多部件故障相关的研究，并取得了一定的成果。Lirong Cui 等人（2004）在文献《Opportunistic Maintenance for Multi-Component Shock Models》中研究了一个故障相关系统在机会维修策略下的多部件累积损伤冲击模型，给出了多部件系统机会维修的通用解决方法[77]。Yong Sun（2006）从工程应用的角度出发，利用泰勒级数展开方法，通过引入交互系数建立了交互故障分析模型（AMIF），可用于系统及各部件的故障概率分析。

3）储备冗余（Standby Redundancies）

在储备冗余系统（并联系统、多数表决系统等）中，某一工作单元发生故障后，其他单元的负荷便会增大，可能导致其他同型单元的故障机理、特性改变，从而导致其他单元的故障不再独立[68]，因此部件之间的故障会产生统计相关。Haiyang Yu 等人（2007）研究了一个冗余系统的故障相关性，推导出了定量化冗余相关性的相关函数，并将冗余相关性进一步划分为独立、弱相关、线性相关和强相关等[78]。Amir Azaron 等人（2008）利用遗传算法解决了一个不可修冷储备冗余系统的多目标可靠性优化问题，可以从可用部件组中选出最佳部件放于储备系统，实现系统初始购置费用最小、系统 MTTF 最长和系统可靠性最大等多个目标[79]。

2. 经济相关性研究现状

经济相关性是指将几个部件一起组合维修的费用高于或低于分别维修的费用之和。经济相关主要可分为 3 类：正经济相关、负经济相关和正负经济相关的综合[66]。正经济相关是指通过将若干部件进行联合维修，与分别维修相比可以节省费用[80]。顾名思义，负经济相关是指若干部件的联合维修与分别维修相比，所花费的费用更高。有些复杂系统同时包含正经济相关和负经济相关，需要在联合维修产生的经济效益和对系统造成潜在故障风险之间进行综合权衡。

在通常情况下，对复杂系统进行组合维修是会节省费用的，因此在多数文献中若无特别说明也将经济相关默认为正经济相关。维修费用的节省主要通过两条途径来实现：一是不同部件同时开展维修活动，由于这一组维修活动只需一次准备费用（Set – up Cost），因此可以减少准备费用；二是当某部件发生故障时，可以利用对其维修的时机来对其他部件进行预防性维修，从而减少停机次数和损失[81]。其中，上面第一条途径还可依据系统准备费用的不同，进一步归纳分类：如果不论对几个部件同时维修，所需准备活动都一样，准备费用都固定不变，那么该准备费用是统一的[82]；如果对不同部件的组合维修，会需要不同的准备活动，产生不同的准备费用，那么该准备费用是复合的[83]。一般研究中为了简便起见，多采用统一准备费用。Cho[84]系统地分析了多部件系统的组合维修策略。Rokstad[85]研究了供水管道的组合维修策略，并通过案例研究证明了该方法对降低系统维修成本的有效性和合理性。此外，根据市场需求引起的产品生产任务的变化，Zhou[86]提出在工作转换时对多个部件进行预防性维修，以实现最低维修成本。丁申虎[87]针对复杂多部件产品分别研究了静态和动态组合维修策略，构造了系统费用、可用度和可靠性模型，并利用遗传算法（GA）对模型进行了优化求解。蔡景等人（2006）采用成组维修策略，通过对飞机空调系统维修的准备费用进行并行性分析，采用遗传算法优化了其维修间隔期[88]。

当系统发生故障停机时，可将预防性维修工作和修复性维修工作一并进行，这尤其适用于串联系统。Shen 和 Jhang（1996）针对一组独立同分布可修单元组成的系统提出了一种两阶段机会维修策略。在第一阶段$(0, T)$，通过最小维修进行预防性工作，通过更换进行修复性维修；在第二阶段$(T, T + W)$，预防性工作仍采用最小维修，而故障部件不采取措施。然后选择适当时机对所有故障部件进行更换，对其他部件进行预防性维修[89]。程志君和郭波（2007）利用更新过程理论建立了计划维修策略下的多部件系统可靠性模型，并优化了系统维修费用率[90]。蔡景等人（2007）采用机会维修策略，设计了系统维修费用的仿真算法，验证了部件之间存在的维修相关性[91]。

3. 结构相关性研究现状

结构相关性是指对某一部件进行维修时相关部件由于结构约束需同时进行维修或拆卸。由于一个部件的故障为更换其他部件提供了机会，因此机会维修策略在结构相关系统中应用很多。由于考虑结构相关性时常常也会节省维修费用，因此部分学者也将其归入经济相关性，但是它们之间存在着明显的区别：经济相关性中维修费用的节省多是通过若干部件维修工作的同时进行来实现的，这些部件在结构上并不相关；结构相关性中维修费用的节省则是因为考虑了复杂系统内部件之间的物理结构关系。

目前，关于结构相关性的研究和文献很少，Dong[92]考虑了并联冗余系统的结构相关性，基于系统可靠度函数，提出了一种最优的预防性维修策略。Dinh[93]重点从工程应用的角度，先后提出了针对结构相关多部件系统的 CBM 策略和选择性维修策略

1.5.5　考虑维修相关性的复杂系统预防性维修优化研究现状

上述关于维修相关性的研究，探索和分析了复杂系统维修决策的特点，为进行复杂系统维修优化提供了依据。但是由于复杂系统维修建模和优化的难度较大，其相关研究和探索的进展一直以来都很缓慢。直至近三十年来，一方面由于解析建模技术和计算机技术的发展，另一方面由于人们越来越认识到部件之间交互作用对系统维修决策的影响，大量学者在以上研究的基础上开展了复杂系统的维修决策优化研究，采取各种途径进行系统预防性维修工作的优化，并取得了丰硕的研究成果[66,94]。

1. 基于数学模型的复杂系统维修优化

由于复杂系统的维修相关性可通过数学描述的形式来体现，因此可基于概率统计和随机过程等理论，结合相应的维修策略，建立其维修决策数学模型来进行维修优化[95]。

从系统可用性或费用的角度来看，组合维修策略是广受关注的问题之一，它尤其适合于拆装和准备费用较高的情况[96]。蔡景等人分析了复杂系统维修费用构成和系统利用率，在此基础上以故障风险为约束，以系统总体维修费用最小化、系统利用率最大化为目标，建立了组合维修策略的优化模型[91]。Rommer Dekker 等人通过引入边际成本准则，用于确定一组部件进行预防性更换的最佳时机[97]。Gerhard van Dijkhuizen[98]等人则通过对复杂系统建立维修费用树来表达实施维修时维修工作与准备活动之间的不同关系，并利用动态规划算法和分支约束算法得出了最优的维修工作组合。蔡景[99]等人针对存在经济相关性的复杂系统，建立了以系统预防维修费用率最小化为目标、系统可靠度为约束的优化模型。赵建华等人以单位时间维修费用最小为目标建立了多部件故障预防工作的组合优化模型，并进一步运用最大梯度原理剔除了不值得组合的个别部件，得到更为合理的组合方案[100]。

机会组合维修策略是指当某部件发生故障时，将达到机会维修范围部件的预防维修提前，和故障部件的修复维修有机结合起来一起做，从而节约系统的维修成本[101]。Lirong Cui 等人在文献《Opportunistic Maintenance for Multi - Component Shock Models》中研究了一个故障相关系统在机会维修策略下的多

部件累积损伤冲击模型，给出了多部件系统机会维修的通用解决方法[77]。Dekker 等人对包含 n 个独立同分布灯管的灯标进行了研究。为了确保最小亮度，当灯泡故障数到 m 时对其进行更换。更换时需要进行放低灯标等准备活动，这些活动也为同时进行修复和预防性维修提供了机会，作者利用遗传算法确定了最优的机会维修时间[102]。Pham 和 Wang 则研究了 $k/n(G)$ 系统的不完善预防性维修问题，提出了一种两阶段机会维修策略：在第一阶段通过最小维修排除故障；第二阶段则当系统工龄到达 T 或 m 个部件故障后进行统一更换[103]。Giacomo Galante 等人对串并联系统在机会维修策略性下的可靠性水平进行了研究，在确保系统以最小费用保持在所需可靠性水平的基础上，提出一种精确算法来确定每次所必须维修的部件，并通过轮船维修的实际案例验证了算法的有效性[104]。

2. 基于仿真模拟的复杂系统维修优化

由于复杂系统预防维修优化较为复杂，采用数学模型有时会难以描述和表达或者求解过程非常繁琐，而利用计算机进行仿真模拟不需要对部件之间的相关性、分布等做任何假设或简化，是一种实用而有效的解决途径。

Ho Joon Sung 采用 Monte Carlo 仿真和实验设计表（DOE）来获取复杂系统可靠性函数的仿真结果，通过多变量回归构建 RSE（Response Surface Equation），可用于确定考虑维修相关性复杂系统定期检测工作的间隔期[105]。Ricardo M. Fricks 等人对目前可靠性建模中存在的各类相关故障进行了总结和分类，然后综合利用随机 petri 网和连续 Markov 链模拟了各种相关故障，为相关故障的表示和定量计算提供了解决方案。Stephen S. Cha 介绍了航空公司计算机系统部门开发的一种交互式故障模式的分析工具——面向航空安全的 Petri 网（Aerospace Safety Oriented Petri Net，AeSOP），它可为用户提供灵活的仿真分析环境来确定各种故障事件对系统的影响，尤其适用于辅助进行复杂系统的安全分析[106]。苏春等人以部件寿命服从非指数分布、维修属于非马尔科夫过程的复杂设备为对象，以系统可用度和维修成本为优化目标，通过仿真优化了系统的预防性维修周期[107]。Yuichi Watanabe 等人提出了一种 DQFM（direct quantification of Fault Tree using the Monte Carlo simulation）方法，利用计算机 Monte Carlo 仿真对核电站地震安全概率评估的故障树进行了定量化，考虑了部件之间故障的相互作用，研究了故障相关对 CDF（Core Damage Frequency）所产生的影响[108]。

3. 其他复杂系统维修优化方法

除了数学建模和计算机仿真这两种最常用的处理方法，也存在其他的复杂系统维修优化方法，下面做一简单介绍。

1）PMO 方法[109]

PMO 是 Preventive Maintenance Optimization 的缩写，被称为"未来的维修分析方法"，是对所有的预防性维修工作进行合理化配置的一种方法。它首先收集系统所需的预防性维修工作并确定其解决的故障模式，依据故障模式进行分组并弥补遗失的故障模式，然后对每种故障模式进行影响分析确定故障后果，最后根据故障后果确定预防性维修策略并形成维修大纲[110]。

由于这种方法可确保所有工作都产生作用，并且没有重复劳动，所以针对复杂系统部件多、故障模式复杂甚至相关的情况，在确定预防性维修工作时，可借鉴其依据故障模式来优化和精简维修工作的方法，从而避免处理相同问题的重复性工作，节省人力和费用。

PMO 方法这种"维修工作→故障模式→功能故障→故障影响→维修方式"的分析流程与 RCM 方法的"功能故障→故障模式→故障影响→维修方式→维修工作"分析过程相反，因此也被称为反向 RCM 方法。但该方法目前尚不成熟，尤其是其故障模式的确定方法争议很大。

2）维修效益分析法

复杂系统包含部件较多，若按单部件模型确定的最优预防性维修周期进行维修，则会造成大量的停机，不仅影响系统利用率，还会造成成本损失。维修效益分析法则通过建立各种维修工作方式的效益判断准则，确定系统各个部件的维修方式和时机，并进一步汇总成系统的预防性维修大纲[111]。

维修效益分析法的主要步骤：首先，利用定期更换模型，计算出各个部件的最佳更换间隔期 t_p，取其最小值作为系统的预防性维修间隔期 T；然后，依据可靠性退化趋势判断其他部件在间隔期 T 是否需要采取维修工作，若需要则通过维修效益分析来选择产生效益最大的维修工作方式；最后，汇总各个部件在每个间隔期 T 所采取的维修方式和维修时机，得出系统的预防性维修大纲。

3）RCAM 方法

众所周知，RCM 是一种通过预防性维修来确保设备可靠性的系统工程方法，然而该方法无法评估维修对于系统可靠性和费用产生的作用，无法得出它们之间的定量关系。为了解决上述问题，通过对 RCM 方法进行改进，并进一步对不同维修策略对于系统可靠性和维修费用的影响进行评价，得出复杂系统的最优维修策略。这种方法称之为以可靠性为中心的资产维修（Reliability Centered Asset Maintenance，RCAM）[112]。

以可靠性为中心的资产维修方法主要通过两方面的工作来实现对系统维修策略的评价，即可靠性评估和经济性评估。首先通过故障率模型评估预防性维修对故障原因的效果，然后进行费用分析得出使总体维修费用最小的维修策略。其具体过程包括 3 个阶段：第一阶段进行系统可靠性分析，确定系统边界，确定关键部件；第二阶段进行部件可靠性建模，确定 PM 和可靠性之间的定量关系；第三阶段进行系统可靠性和费效分析，评价部件维修对系统可靠性影响和不同 PM 策略下的费用。该方法的基本思路是首先在系统级分析，然后细分到部件级，最后又回归到系统级。

1.5.6 研究现状分析

从以上的国内外研究现状可以看出，目前关于复杂系统维修决策的研究，多停留在理论研究的层面上，并未结合维修实践中存在的具体情况进行较为深入和实际的探索，具体表现如下：

①针对采取复合维修复杂系统的优化研究还不够深入。在目前的维修模型中，上述文献所研究的维修工作都是单一方式，如定期更换、定期报废、功能检测、使用检查等。在实际维修中，当采用单一维修工作类型仍无法确保维修效果时，就需要实施两种或两种以上类型的预防性维修工作。通过这种复合维修工作的实施，往往既可以确保较高的安全性和可用度，又可以实现理想的经济效益比，达到单一类型的维修工作所无法达到的维修效果。但是，在目前的维修决策理论和方法中，关于此类复合维修工作的优化研究几乎没有，需要进一步的深入研究。

②关于多部件存在故障相关性时的维修决策研究很少。在对系统进行维修决策时，各种维修方法的基本前提假设是各部件故障的发生是相互独立的，即各部件故障互不相关互不影响。基于此，对导致部件失效的故障原因进行分析决断，得出适用有效的预防性维修工作及其维修间隔期。然而当部件之间故障的发生具有"故障相关性（Failure Dependency）"时，这种方法所做出的维修决策在工程应用中是不准确的。由于对故障交互影响建模非常困难，模型求解也比较复杂，目前对于故障相关部件的研究很少，已有的研究也多只能处理系统含有两个故障相关部件的情况，无法进一步应用到实际中多个部件故障相关时的维修决策。

③缺乏对维修实际中存在的多故障原因部件的维修决策研究。在以前的研究中，各种维修工作的优化通常是基于这样一种前提：每个部件只有一种故障模式，该部件维修工作的选择与确定就取决于其故障模式。然而在实际

中，许多部件拥有多种故障模式和多个故障原因，每种故障原因都会有其相应的故障规律并对应相应的维修工作类型，传统的维修决策只是针对各个故障原因孤立地进行分析，依据其故障规律分别进行维修工作类型的确定和维修周期的优化。这种维修分析方法，忽略了部件内部各故障原因之间的相互关系，所做出的维修决策通常不能使部件的维修效果达到最优，需要从整体上对部件进行维修决策，确定其适用有效的维修工作类型，并优化维修周期。

1.6　本书概要

本书由绪论（第 1 章）和剩余 7 章组成，每章包含若干小节。第 2 章为保修的相关理论基础，主要介绍了保修的内涵以及保修策略的分类，并分析了影响保修决策的两个重要因素：保修期和预防性保修间隔期。由于从第 4 章开始进行决策模型的研究，因此本章从建模的影响因素、故障率函数和维修理论 3 个方面介绍了保修建模的基础知识，进而为保修决策模型的建立奠定基础。

对产品进行保修决策是一项复杂的系统工程，第 3 章主要介绍了产品保修决策的一般流程，产品保修决策通常遵循确定保修单元、选择保修策略、依据决策模型确定最终保修方案的顺序展开。本章有效地将保修的相关基础理论与保修决策模型联系起来，使全书拥有了更高的工程应用价值。

复杂产品的复杂之处主要在于其通常由多部件组成，结构复杂、集成度高，部件之间存在相关性，尤以结构相关与经济相关最为常见。为便于研究，在第 4 章和第 5 章的决策模型研究中将复杂产品抽象为多部件系统，重点关注多部件之间的结构相关性与经济相关性。第 4 章在考虑多部件结构相关性的基础上，结合更新保修策略，分别进行了多部件产品的一维保修和二维保修决策模型研究，其中一维保修决策模型是二维保修决策模型的重要基础。第 5 章在考虑多部件经济相关性的基础上，结合功能检测策略和定期更换策略，分别进行了多部件系统的一维保修和二维保修决策模型研究。

第 6 章提出了"联合预防性二维保修"的概念，是对二维保修概念的延展和扩充。联合预防性二维保修是指由部队建制维修力量和承制单位共同作为维修主体，对保修期内的复杂装备联合开展预防性维修工作。联合预防性二维保修能够有效弥补部队建制维修保障力量的不足，提高产品的可用度，降低维修费用，进一步改善保修质量和效果，促进部队战斗力和保障力快速生成。本章以关键部件为研究对象，通过模型决策预防性维修间隔期以及部队、承制单位进行预防性维修的最佳时机。第 7 章在第 6 章的基础上，进一步将研究对象从单部件拓展到多部件系统，研究了串联多部件系统的最优预防性维修计划以及部队、承制单位进行预防性维修的时机。

第 8 章初步探索了延伸保修在复杂产品中的应用。军方在初始保修期内未形成自主维修能力，且维修保障难度大，而承制单位具有相应的维修技术和能力，此时延伸保修适用。本章主要研究复杂产品二维延伸保修决策模型的建立方法，并通过案例分析得到某新型自行火炮装备发动机系统的最优二维延伸保修方案。本书的逻辑结构如图 1-11 所示。

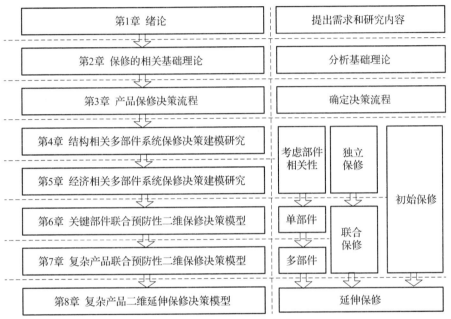

图 1-11 本书的逻辑结构

第2章

保修的相关理论基础

随着科学技术和经济的发展，产品越来越复杂，部队使用单位对军用装备产品的质量和完好率要求日益提高，保修越来越受到重视。实际上保修不仅能够显示出产品质量的可靠程度，而且还能够保障部队使用单位的利益，目前已成为装备采购的重要依据。现在不少外贸军工产品在签订采购合同时就已经把售后技术服务的费用按 20%～30% 的比例计算到了产品价格中。保修技术及管理策略的研究具有重要的理论意义和实用价值。为了克服以前对保修的笼统、片面认识，为复杂产品保修期的研究和讨论明确具体目标和奠定理论基础，本章通过对保修及保修期基本理论的总结归纳，结合复杂产品的特点，给出保修期研究的必要性，同时介绍保修期建模的基础知识。

保修期决策模型的建立是一个复杂的过程，要以全面的维修理论为基础，还需要考虑多个影响因素。下面简要分析影响保修期建模的因素，并概述建模需要的维修理论，以保证保修期建模过程的科学性和系统性。

2.1　建模影响因素

保修期的确定涉及多个影响因素，如产品故障次数、保修费用、保修期内可用度等。科学地选择影响因素，建立数学模型对研究结果具有重要的影响。

1. 保修策略

不同的保修策略可以建立不同的数学模型。例如，在定时更换保修策略下，保修期内的保修费用由每个预防性保修间隔期内的保修费用组成，而保修间隔期内的保修费用是间隔期内故障的次数和每次故障费用的函数，每个保修间隔期内的故障次数是一个随机变量，它和故障时间分布函数与保修间隔期长度均有关系。在不完全预防性保修策略下，则需考虑进行不完全预防性保修后产品的恢复程度等。

2. 故障的费用、停机时间

对于更新或可修的单部件，每次故障的费用通常假定是常数，每次故障的停机时间也假定为固定值，因故障停机造成的费用损失也为常数。然而对于多部件可修产品，故障后的费用和每个部件的故障费用有关，停机时间和每个部件的维修有关，尤其对于具有故障相关的多部件系统，维修将会影响部件的故障分布，导致每次的停机时间也会发生变化。

3. 系统的故障分布

系统结构、部件可靠性和对部件维修程度的影响直接关系到系统的故障时间分布。故障分布的不同将直接影响系统的费用以及可用度的建模。如果系统不可修或修复后恢复如新，单一的故障分布可以用于描述系统故障时间分布。故障维修费用是一个常数，并不依赖于系统的故障时间。然而，如果系统可修且修复后没有达到恢复如新，那么就必须分析维修对可靠性的影响，需要考虑随机过程、更新过程、非齐次泊松分布、半更新过程等。可修系统的故障分布和新系统的故障分布不同，建立的模型也不同。

2.2 故障率函数分析

在保修策略的相关研究中，部件故障规律是进行研究的理论基础。本书要对一维保修部件和二维保修部件的联合预防性保修决策进行研究，因此对一维保修部件和二维保修部件故障率函数的表达形式进行如下分析。

1. 一维保修部件故障率函数

影响部件故障的因素有很多，如使用时间、使用度、所受的应力等。对于仅随单一因素退化的部件，如常见的仅受使用时间退化的部件，其发生故障的规律可以用一维故障率表示。故障率的定义：假设部件已经工作到时刻 t，则在该时刻后单位时间内发生故障的条件概率为部件在时刻 t 的故障率，记作 $\lambda(t)$，则有

$$\lambda(t) = \lim_{\Delta t \to 0} \frac{P\{t < T \leqslant t + \Delta t \mid T > t\}}{\Delta t} \tag{2-1}$$

与部件故障率函数密切相关的还有部件可靠度函数 $R(t)$、概率密度函数 $f(t)$、累积分布函数 $F(t)$，他们之间有如下关系：

$$R(t) = \mathrm{e}^{-\int_0^t \lambda(t)\,\mathrm{d}t} \tag{2-2}$$

$$F(t) = 1 - \mathrm{e}^{-\int_0^t \lambda(t)\,dt} \qquad (2-3)$$

$$f(t) = \lambda(t)\,\mathrm{e}^{-\int_0^t \lambda(t)\,dt} \qquad (2-4)$$

由此可知，只要确定了 $\lambda(t)$、$R(t)$、$F(t)$ 和 $f(t)$ 中的任意一个函数，则可以利用相应公式推导出其他函数。

通过对部件的故障数据进行统计，利用相关知识能够得到部件的故障分布。据统计，常见的部件故障分布有指数分布、正态分布、威布尔分布、伽马分布等几种形式。其中，威布尔分布是一种特殊的分布，通过对其参数取值进行变换，可以转换为指数分布或正态分布。基于这一特点，威布尔分布是广大学者在研究中常用的一种部件故障分布形式，本书在建立模型中也将用到这种故障分布形式。

2. 二维保修部件故障率函数

本书所研究的保修部件中，除了一维保修部件外，还有随两种影响因素同时退化的二维保修部件，如部件随使用时间和使用度同时进行退化。要对该类部件的保修策略进行研究，必须了解二维故障规律。构建二维故障规律的方法主要有单因素变量法、双因素变量法和复合尺度法[113]。

1）单因素变量法

在该方法中，要找出影响部件故障规律两个因素之间的关系，可将其中一个因素用另外一个因素来表示，最终部件故障率的表达式中只包含一个因素。利用这种方法可以降低故障率描述的复杂性，为进行模型研究提供便利。在该方法中，通常假设同一个用户对部件的使用度 u 与使用时间 t 之间满足线性关系，即 $u = rt$。其中，r 代表部件的使用率，通常认为保修期内同一用户对部件的使用率为常数[114]。但是，不同的用户使用率 r 是有区别的，对于批量使用的部件，使用率 r 服从特定的分布。将使用率为 r 条件下部件的故障率用 $\lambda(t\,|\,r)$ 表示，很多学者对 $\lambda(t\,|\,r)$ 的表达形式进行了研究。

Iskandar 和 Murthy 构建了表述二维保修部件故障率的表达式[115]：

$$\lambda(t\,|\,r) = \theta_0 + \theta_1 t + \theta_2 rt \qquad (2-5)$$

Murthy 和 Wilson 给出了类似的故障率表达式[116]：

$$\lambda(t\,|\,r) = \theta_0 + \theta_1 r + \theta_2 t + \theta_3 rt \qquad (2-6)$$

Yun 和 Kang 通过进一步研究，提出的故障率表达式为[117]：

$$\lambda(t\,|\,r) = \theta_0 + \theta_1 r + \theta_2 t^2 + \theta_3 rt^2 \qquad (2-7)$$

Moskowitz 和 Chun 研究了更为复杂的故障率表达式[118]：

$$\lambda(t\,|\,r) = \theta_0 + \theta_1 r + \theta_2 t + \theta_3 rt + \theta_4 t^2 + \theta_5 rt^2 \qquad (2-8)$$

其中，θ_0、θ_1、θ_2、θ_3、θ_4、θ_5 为故障率参数，各个故障率参数可通过实验统计得到。

在单因素变量法中，还有一种故障率表示方法。Jack 假设 $F_0(t;a(r_0),\beta)$ 是在设计使用率 r_0 条件下的故障分布函数，$F(t;a(r),\beta)$ 是在实际使用率 r 条件下的故障分布函数，a 和 β 分别为形状参数和尺度参数。不同的使用率下故障分布函数的尺度参数 β 相同，采用加速失效时间模型得出在不同使用率下故障分布函数形状参数之间的关系为 $a(r) = a_0 \left(\dfrac{r_0}{r} \right)^{\gamma} (\gamma \geqslant 1)$，最终推导出故障率的表达式[119]：

$$\lambda(t;a(r),\beta) = \frac{f(t;a(r),\beta)}{1 - F(t;a(r),\beta)} \qquad (2-9)$$

在部件保修策略的相关研究中，采用单因素变量法表示二维故障率建立模型相对简单，这也是最常用的一种方法。

2）双因素变量法

在该方法中，需要同时考虑使用时间和使用度对部件故障率的影响。在现有相关文献研究中，部件二元故障概率密度函数 $f(t,u)$ 主要有以下两种表达形式：

一种是双因素指数分布[120]，即

$$f(t,u) = \frac{\theta_1\theta_2}{1-\rho}\exp\left[-\frac{\theta_1 t + \theta_2 u}{1-\rho} \right]I_0\left[\frac{2\sqrt{\rho\theta_1\theta_2 tu}}{1-\rho} \right] \qquad (2-10)$$

其中，故障率参数 θ_1、θ_2 大于 0，$0 \leqslant \rho < 1$，变量 t 和 u 均大于 0。

另一种是双因素威布尔分布[121]，即

$$f(t,u) = \left(\frac{\beta_1\beta_2}{\theta_1\theta_2}\right)\left(\frac{t}{\theta_1}\right)^{\beta_1/\delta - 1}\left(\frac{u}{\theta_2}\right)^{\beta_2/\delta - 1} \times$$

$$\exp\left\{ -\left[\left(\frac{t}{\theta_1}\right)^{\beta_1/\delta} + \left(\frac{u}{\theta_2}\right)^{\beta_2/\delta} \right]^{\delta} \right\}\left[\left(\frac{t}{\theta_1}\right)^{\beta_1/\delta} + \left(\frac{u}{\theta_2}\right)^{\beta_2/\delta} \right]^{\delta - 2} \times$$

$$\left\{ \left[\left(\frac{t}{\theta_1}\right)^{\beta_1/\delta} + \left(\frac{u}{\theta_2}\right)^{\beta_2/\delta} \right]^{\delta} + \frac{1}{\delta} - 1 \right\}$$

$$(2-11)$$

其中，故障率参数 θ_1、θ_2、β_1、β_2 大于 0，$0 \leqslant \delta < 1$，变量 t 和 u 均大于 0。

3）复合尺度法

在该方法中，通常将影响部件故障率的使用时间 t 与使用度 u 组合成一个

复合因素 v。在复合尺度法中，复合因素 v 常用的表示形式有以下两种：

一种是线性形式[122]，即

$$v = at + bu \qquad (2-12)$$

另一种是乘法形式[123]，即

$$v = t^{\alpha} u^{1-\alpha} \qquad (2-13)$$

在现有二维保修策略研究中，以上 3 种故障率表示方法均有应用。通过 3 种方法在文献中使用频率的对比可知，单因素变量法在二维保修部件故障率应用中最为广泛；其余 2 种故障率表示方法，在建立相关模型时十分复杂，并且由于使用到过多的参数估计和近似计算，所得结果误差较大。研究结果表明，在保修期内对于同一个用户，部件使用率可近似认为是恒定的，采用单因素变量法表示故障率就使用这一假设。在该假设的前提下，可将二维保修部件故障率中的两个变量转化为一个变量，便于建立模型。因此，本书在建立相关模型中也使用单因素变量法表示二维保修部件故障率函数。

2.3 三种维修理论

2.3.1 完全维修理论

假设产品故障后修复或预防性维修后，使其恢复到其新产品时的状态，即"修复如新"，这个过程称之为完全维修过程，成组更换策略就属于在保修期内采取的完全维修（保修）策略。完全维修理论即通常所指的"更新理论"，其特性主要分为更新过程的定义、更新函数和更新定理等。

1. 更新过程的定义

可修产品在运行一段时间后发生故障，通过更新使其恢复功能，并重新工作，直到下一次发生故障，从而引发新的更新，如此反复进行下去就形成了一个更新时间的序列。若计 t_1, t_2, $\cdots$, t_i, $\cdots$ 表示两次更新之间的工作时间，$N(t)$ 表示产品在 $(0,t]$ 内发生故障的次数，则 $\{N(t), t \geqslant 0\}$ 就代表一个在时间序列上进行更新的计数过程，如果故障间的工作时间 t_i 符合独立同分布假设，则称 $\{N(t), t \geqslant 0\}$ 是由 t_1, t_2, $\cdots$, t_i, $\cdots$ 所产生的更新过程。

2. 更新函数

设 $N(t)$ 为可修产品在 $(0,t]$ 时间内发生故障的次数，$M(t)$ 为可修产品在 $(0,t]$ 时间内平均发生故障的次数，则

$$M(t) \stackrel{\text{def}}{=} E[N(t)], t \geqslant 0 \qquad (2-14)$$

$M(t)$ 通常称之为更新函数。

对于更新过程，如果已知故障分布函数 $F(t)$ 或故障分布密度函数 $f(t)$，则 $M(t)$ 可以用卷积公式求得。在工程应用中，可用以下更新方程求其数值解：

$$M(t) = \int_0^t [1 + M(t-s)] \mathrm{d}F(s)$$

$$= F(t) + \int_0^t M(t-s) \mathrm{d}F(s)$$

$$(2-15)$$

此定理说明，如果知道了更新过程 $\{N(t), t \geq 0\}$ 的更新间距的分布函数 $F(t)$，通过解上述积分方程，就可求得更新函数 $M(t)$。

3. 可修产品的故障率

可修产品的故障率可以表示为

$$\lambda(t) = \mathrm{d}M(t)/\mathrm{d}t \qquad (2-16)$$

显然，这里的故障率是指单位时间内故障发生的平均次数。在有的书中为了区分二者，将可修产品的故障率定义为产品的故障发生率 ROCOF（Rate of Occurrence of Failure）。

4. 更新过程的特性

可以证明更新过程有以下两个特性：

（1） $\lim\limits_{t \to \infty} \dfrac{H(t)}{t} = \dfrac{1}{MTBF}$。

（2）若 $\{N(t), t \geq 0\}$ 是由非负随机变量 X_1，X_2，$\cdots$ 所产生的更新过程。假设 Y_n 为第 n 个更新寿命 X_n 中的报酬，$n = 1, 2, \cdots$ 且 (X_n, Y_n)，$n = 1, 2, \cdots$ 独立同分布，令 $Y(t) = \sum\limits_{n=1}^{N(t)} Y_n$ 是 $(0, t]$ 时间内的总报酬，如果 EY_n 和 EX_n 有限，则

$$\lim_{t \to \infty} \frac{Y(t)}{t} = \frac{EY_n}{EX_n} \qquad (2-17)$$

于是可以得到，要研究无限使用期限条件下的更新过程的特征，只要考虑一个更新周期内的数学期望即可。

2.3.2 最小维修理论

根据维修程度，如果一个故障部件进行维修后，使得恢复了部件的功能，但是部件的故障率趋势还是保持和故障前一样，那么这样的维修就称之为"最小维修"。最小维修理论最初由 Barlow[124] 提出，目的是寻找一个合适的预防性维修间隔期 T，使得单位时间内的长期期望费用最小。

一般地，最小维修模型假设：

①部件的故障率是增加的；

②最小维修不影响系统的故障率；

③最小维修的费用比更换部件的费用少；

④部件的故障可以立即被发现。

最小维修特性为一个非齐次泊松过程，且可分解成有限个独立非齐次泊松过程。产品期望的最小维修次数：

$$E[N(t)] = \int_0^t \lambda(s)\mathrm{d}s = -\ln \bar{F}(t) \tag{2-18}$$

其中，$N(t)$ 为时间 $[0,t]$ 的产品故障次数，$\lambda(s)$ 为故障率，$\bar{F}(t) = 1 - F(t)$，$F(t)$ 为故障时间的累积分布函数。

最初的最小维修模型就是建立故障时进行最小维修的周期维修模型，后来模型有了很大的变化和发展，其中基本模型的变化包括了最小维修费用是随机变量的概率。最小维修策略通常可应用于相对复杂的系统或者具有几种故障模式的可修子系统，如飞机的发动机、计算机或武器系统的一些可修装置。

2.3.3 不完全维修理论

传统的维修概念是假设系统在维修后会恢复至"修复如新"或者"修复如旧"的状态。然而，大多数的系统在维修后会恢复到一个介于"修复如新"（完全维修）和"修复如旧"（最小维修）之间的一个状态，即不完全维修。由于维修器材、维修能力、维修人员等诸多原因的限制，很多时候对系统无法做到完全维修，即使可以使系统恢复到修复如新的状态，可能维修费用也会非常高昂，故而不完全维修是一种更为贴近实际的维修方法，在实际维修中有着广泛的应用性。

1. 不完全维修处理方法

到目前为止，关于不完全维修的研究主要是基于单部件的系统。Chan 在1978 年发表过关于最坏预防性维修的研究，Ingle 在 1977 年也研究过不完全维修，Chaudhuri 在同一年也提到了不完全维修的概念[125]。结合 Pham 的分类方法[109]，我们可以将不完全维修的处理方法分为以下 8 种。

1)（p,q）规则

（p,q）规则在 1979 年由 Nakagawa 最早提出，假设系统在维修后以概率 p 修复如新（完全维修），以概率 $q = 1 - p$ 修复如旧（最小维修）。显然，如果

$p = 1$ 则本次维修为完全维修，如果 $p = 0$ 则为最小维修。从这种意义上说，最小维修和完全维修是不完全维修的特例，而不完全维修则是一种常态。在这种假设下，Nakagawa 成功得到了基于寿命和周期性预防性维修策略的，以最小期望维修费用率为目标的单部件系统的最优预防性维修策略[126-128]。

Brown[129] 提出一种维修过程模型，即当单元故障被修理后，以概率 p 修复如新或者以概率 $1-p$ 修复如旧。假设所有的修复过程所需时间可以忽略，且不完全维修过程具有老化维修性质，和故障过程有关的各种参数和变量具有单调性。在此基础上，他们得到了一个重要且有用的结论：如果单元的寿命分布为 F，失效率为 r，则两次成功的完全维修的时间间隔的分布函数为 $F_p = 1 - (1 - F)^p$ 且相应的故障率 $r_p = pr$。基于上述结论，Fontenot[130] 得到了单部件系统不完全维修的最优策略。

2）$(p(t), q(t))$ 规则

Block 等人对 Brown 的基于寿命分布的单部件不完全维修模型进行了扩展。假设某部件在故障时被修复（修复性维修），该维修活动是完全维修的概率为 $p(t)$，是最小维修的概率为 $q(t) = 1 - p(t)$，其中 t 为故障时刻（从上一次完全维修后算起该部件已经被使用的时间）。Block 等人认为，如果部件的寿命分布 F 是一个连续函数，且部件失效率为 r，则成功的完全维修时间是一个更新过程，其到达时间间隔的分布为

$$F_p(t) = 1 - \exp\left(\int_0^t \frac{p(x)}{1 - F(x)} \mathrm{d}x \right) \qquad (2-19)$$

相应的故障率为 $r_p(t) = p(t)r(t)$。Block 等人也证明了 Brown 模型的老化维修结果中关于 $p(y)$ 的假设过于理想[131]。

应用这种 $(p(t), q(t))$ 规则，Block 等人讨论了一种一般性的基于工龄的预防性维修策略，当部件使用工龄到达 T 后被更换，如果它在 $y < T$ 的时间内故障，则要么以概率 $p(t)$ 选择更换，要么以概率 $q(t)$ 进行最小维修。第 i 次最小维修的费用为 $C_i(y)$。每经过一次计划内或计划外的维修，该过程被重复。

Brown 的模型以及 Block 等人的模型都假设维修时间可以忽略。Iyer 则考虑维修时间不能忽略，利用 $(p(t), q(t))$ 规则得到一些有用的结果。他这种现实方法对后来的研究是有帮助的。Sumita 研究了一种从更新过程产生的基于使用年限的计数过程并将之应用于单部件不完全维修。

(p, q) 法则和 $(p(t), q(t))$ 法则对研究不完全维修具有实用性和真实性，使不完全维修成为介于完全维修和最小维修之间的状态。通过维修使系统的

工作状态恢复的"度（Degree）"就通过 p 或 $p(t)$ 来衡量。尤其是在 $(p(t), q(t))$ 法则中，这个"度"还和系统所处的工龄 t 有关，因此该规则更贴近实际情况，只是其数学模型也更为复杂。这两种法则在今后的研究中也会经常被应用于很多不完全维修模型之中。

3）改善因子方法（Improvement Factor Method）

Malik[132] 在维修排序问题中引入改善因子的概念。他认为维修可以将故障率曲线的系统时间改变至更新一些的时间，但无法将其改变到零。这种对不完全维修的处理方法使预防维修后的系统故障率介于如新和如旧状态之间，而故障率的改进程度就被称作改善因子。Malik 假设随着工龄的增加，系统需要越来越频繁的维修，因此成功预防性维修的时间间隔将逐渐缩短以使系统的故障率处于或低于某一规定水平，并据此假设提出了确定成功预防性维修时间间隔的方法。Lie 也提出了关于预防维修时间间隔的表达式。不同的是，Malik 是利用专家判断来评估改善因子的，而 Lie[133] 则是给出了维修费用与系统工龄函数关系的一系列曲线来表示改善因子。Suresh[134] 则将系统的初始状态、结束状态、运行状态以及维修类型作为模糊集合，改善因子被用来找出系统维修后的初始状态。应用模糊集合理论和改善因子，Suresh 等人还建立了预防性维修的规划步骤，以确保系统处于可接受的可靠性或故障率水平。

利用改善因子并假设有限规划域，Jayabalan[135,136] 以一个有递增平均停机时间和固定故障率的系统的总成本最小化为目标，得到确定可靠性的维修规划模型的一种算法。Chan[137] 提出了取决于系统工龄和预防维修次数的两种故障率恢复方式：固定减少和比例减少。所谓固定减少，即每次预防维修后，系统故障率固定减少的量都是相同的；所谓比例减少，即每经过一次维修后，系统的故障率都按比例地减少当前故障率的一部分，并且他们得到了单部件系统的周期可用度。

改善因子法依据故障率或其他可靠性指标来研究不完全维修，在工程上是实用且有效的，因此可以用作不完全维修甚至较差维修的一般处理方法。

4）虚拟工龄方法（Virtual Age Method）

Kijima[138] 等人用虚拟可修系统的工作年龄增长过程的思路对不完全维修模型进行了改进。如果在第 $(n-1)$ 次维修之后，系统的虚拟工龄为 $V_{n-1} = y$，则第 n 次故障时间 X_n 具有如下的分布函数：

$$P\{X_n \leqslant x \mid V_{n-1} = y\} = \frac{F(x+y) - F(y)}{1 - F(y)} \qquad (2-20)$$

其中，$F(x)$ 为新系统故障时间的分布函数。令 a 为第 n 次维修后系统的恢复程度且 $0 \leqslant a \leqslant 1$。构建模型：第 n 次维修并不能恢复第 $(n-1)$ 次维修之前系统的损坏，但可以将系统增加的工龄由 X_n 降低到 aX_n。据此假设，第 n 次维修后系统的虚拟工龄为 $V_n = V_{n-1} + aX_n$。

显然，当 $a = 0$ 时为完全维修，$a = 1$ 时为最小维修。后来，Kijima[139] 将上述模型进行了扩展，使 a 成为取值介于 0 和 1 之间的随机变量 A_n。和 Brown 的方法（即 (p, q) 法则）比起来，我们可以看到，如果 A_n 为独立同分布且极值为 0 和 1，则这两种方法本质上是相同的。因此，Kijima 的第二种模型是普遍适用的，这种方法也被称作虚拟工龄（年龄）法。

5）冲击模型法（Shock Model Method）

假设一个单元常遭受随时间随机出现的冲击。当 $t = 0$ 时，单元的损坏程度为 0。因冲击的出现，单元受到非负损伤，每次损伤的出现都会增加单元的损坏程度，而在每两次损伤之间单元的损坏程度保持不变。当单元累积的损伤第一次超过某一特定水平时，该单元故障。为保持单元处于可接受的运行状态，就需要进行一些预防性维修工作。

Kijima[140] 提出不完全周期性预防维修的累积损伤冲击模型。模型假设预防维修是不完全维修且每次预防维修都以总损伤的 $100(1 - b)\%$ 减少损伤程度，且 $0 \leqslant b \leqslant 1$。可见如果 $b = 1$ 则该预防维修为最小维修，如果 $b = 0$ 则为完全维修。这种方法与前面提到的方法 1）有些类似，都基于同样的充分条件，即故障时间都是故障率随时间增加（IFR）的分布，都讨论了以最小期望维修费率为目标函数来确定预防维修的次数。

Kijima[141] 还以不完全逐次预防维修策略为假设建立了另一个累积损伤冲击模型。模型假设第 k 次预防维修之前单元的损伤量为 Y_k，则维修之后损伤量减小至 $b_k Y_k$，其中 b_k 也被称作改善因子。系统所受冲击的出现为泊松过程，且因为冲击的出现系统受到随机非负损伤。当系统在冲击后的总损伤为 z 时，以概率 $p(z)$ 故障。在模型中，预防维修在确定的时间间隔进行，随着工龄的增长，维修的频率逐渐提高，系统在第 N 次预防维修时进行更换或完全维修。如果两次预防维修间隔期内系统故障，则只进行最小维修。假设 $p(z)$ 是指数函数且损伤为独立同分布，模型得到了期望维修费率并讨论了最优更换策略，这种方法被称作冲击模型法或冲击模型。

6）(α, β) 规则

(α, β) 规则的不完全维修是指，维修后系统的寿命将降低到先前的一个分数 α，其中 $0 < \alpha < 1$，也就是说，寿命减少，维修次数增加。如果维修时间不计，连续维修的间隔期可以认为成"准更新过程"[142]。

系统的前 $(n-1)$ 次维修都是新的 X_n，假设系统寿命的概率密度函数

（Probability Density Function，PDF）是$f_n(x)$，$n=1$，2，$\cdots$，研究后证实：

①如果$f_1(x)$属于故障率增加（Increasing Failure Rate，IFR）、故障率降低（Decreasing Failure Rate，DFR）、平均故障率增加（Increasing Failure Rate on Average，IFRA）、平均故障率降低（Decreasing Failure Rate on Average，DFRA）或比使用过的新（New Better than Used，NBU）时，对于$n=2,3,\cdots$，$f_n(x)$的类型一样。

②如果X_1服从伽马分布、威布尔分布或对数正态分布，对于准更新过程$n=1$，2，3，$\cdots$时，X_n的形状参数一样。

另外一种准更新过程的结果就是："更新"后，间隔时间的形状参数不会改变。在可靠性理论中，产品寿命的形状参数和它的故障规律有关。通常，如果它拥有同样的故障规律，那么产品在不同的操作状态将有同样的寿命形状参数，因为大多数维修通常不会改变故障规律，我们可以认为系统的寿命将有同样的寿命分布。因此，在这种意义上，准更新过程将是一个处理不完全维修的恰当的模型。

后来又进一步研究表明，维修时间不能忽略（多数其他不完全维修模型假定修复性维修和预防性维修时间是可以忽略的），下一次维修时间将增加到先前维修时间的β倍，$\beta>1$。换句话说，随着维修次数的增加，每次维修的时间增加，这就是(α,β)规则。

7）复合(p,q)规则

Shaked[143]介绍了多变量不完全维修的概念。他认为，有独立寿命分布的部件组成的系统单独进行不完全维修，直到它们被替换。对于每一个部件，根据(p,q)规则进行不完全维修，故障时，进行完全维修的概率为p，进行最小维修的概率为q。假定由n个部件组成的系统在同一个时刻运转，一次只有一个部件可以故障。完全维修或最小维修后，他根据故障次数，建立部件下一个故障联合分布函数，也可以得到部件剩余寿命联合密度函数，从这里可以获得系统的寿命分布，我们称之为复合(p,q)规则。

8）其他

Nakagawa[144]使用两种其他不完全维修方法处理顺序预防性维修策略：一是故障率在k次预防性维修后变为$a_k h(t)$，其中$h(t)$表示故障率，$a_k \geq 1$，也就是说，故障率随预防性维修次数的增加而增加；二是经过k次预防性维修后，工龄减为$b_k t$，其中t表示工龄，$0 \leq b_k < 1$，也就是说，预防性维修降低寿命。

通过对上述不完全维修处理方法的分析可知，(p,q)规则、$(p(t),q(t))$

规则和复合(p,q)规则都是利用概率求系统维修后的恢复程度，即由各种恢复状态发生的概率大小来决定恢复程度。但是，改善因子法、虚拟工龄法和冲击模型法都是假设系统经预防维修后工龄或者故障率恢复到某一特定值，它的恢复程度受到诸多因素的影响，如系统年龄、预防性维修间隔或者预防性维修费用。

2. 不完全预防性维修模型

部件或系统的故障率一般是运行时间的递增函数，比较典型的故障率曲线是浴盆曲线。当部件或系统运行了很长一段时间后，故障率达到很高值，此时应对部件或系统进行预防性维修，否则部件或系统将频繁地发生故障。预防性维修降低了部件或系统的故障率，提高了部件或系统的性能，如同部件或系统的年龄时间向前推移了一段时间。本书研究保修期内的不完全预防性维修（保修），为描述部件或系统在不完全预防性维修前后的这种动态的变化状态，应用改善因子（用 α 表示）的概念描述不完全预防性维修的效果。假设部件或系统在一次预防性维修后性能得以改善，故障率下降到如同此次预防性维修前 αT 时的故障率。不完全维修下的故障率变化如图 2-1 所示。

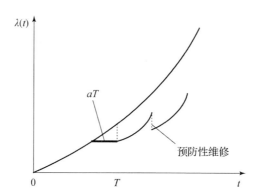

图 2-1 不完全维修下的故障率变化

部件或系统故障率 $\lambda_i(t)$ 的表达式可由以下递推关系得出：

$$\left.\begin{aligned} \lambda_1(t) &= \lambda(t) \\ \lambda_2(t) &= \lambda(t - \alpha T) \\ &\vdots \\ \lambda_i(t) &= \lambda(t - (i-1)\alpha T) \end{aligned}\right\} \tag{2-21}$$

2.4　本章小结

保修就是在保修期内进行的维修，产品保修是产品维修的重要组成部分。由于本书主要针对保修决策模型展开研究，因此本章首先对保修建模的影响因素进行了介绍和分析。故障率函数是保修模型建立的起点，本章对故障率函数进行了分析。维修是保修的具体工作，保修效果通过维修来体现，本章对 3 种维修理论进行了系统介绍，为后面章节的模型研究奠定基础。

第3章
产品保修决策流程

产品保修决策内容涉及因素较多，合理规范的保修决策流程是有效整合军地双方维修资源，提高保修工作效益的基础。为此，本章在对产品保修理论研究的基础上，建立产品保修决策流程框架，并分别从系统级和业务级两个层面对保修决策流程进行了详细分析，为确定产品保修单元、保修策略、保修期及价格等一系列决策问题提供科学的程序和方法，最后综合形成产品保修决策方案。

3.1 产品保修决策流程框架

根据在实施武器装备产品保修过程中需要决策的内容，从系统级和业务级两个层面进行区分，可构建产品保修决策流程框架，如图3-1所示。

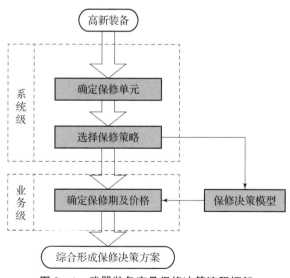

图3-1 武器装备产品保修决策流程框架

具体决策分析步骤如下：

1）系统级产品保修决策分析

系统级决策主要解决产品保修需求及保修范围问题，在综合考虑复杂装备（或其分系统）的结构组成、技术特点、维修保障需求、产品性能要求等因素的基础上，通过分析承制单位和军方维修技术力量和资源，确定需要承制单位提供保修服务的系统。这里的系统可以是整个产品、产品分系统或组件，根据不同保修系统特点选择适用的保修策略，为开展业务级产品保修决策分析奠定基础。

2）业务级产品保修决策分析

业务级决策主要是解决具体实施产品保修过程中维修工作实施方式、所需费用等具体维修业务级别方面的问题。在确定产品保修单元及策略的基础上，结合故障规律及技术特点，明确保修期确定方式及维修方式。在此基础上，明确产品的性能指标，建立相应决策模型，确定产品保修期及价格。

3）产品保修决策方案的制定

对产品保修系统级和业务级决策结果进行综合，形成保修决策方案，为制定产品保修服务合同提供依据。在充分考虑军地双方利益、实现共赢的基础上，制定包括保修单元（对象）、保修策略、军方性能要求、保修期及价格等内容的保修决策方案，以促进产品保修规范、高效的实施。

3.2 系统级产品保修决策分析

在系统层决策中，主要完成复杂产品保修对象和保修策略的确定。在明确复杂产品中各部件的组成结构、技术水平、维修保障需求等因素的条件下，通过分析部队和承制单位双方的维修保障力量，选择合适的保修策略[145]。

3.2.1 确定保修单元

保修单元可以是产品、系统、子系统、设备或组件。因此，确定保修单元需要从复杂产品不同层级进行分析，确定各单元的保修需求。通过军地双方维修任务的划分，控制保修范围，明确保修责任，为之后的决策分析奠定基础。

确定产品保修单元，主要包括如下 3 个步骤：

1）整装保修需求确定

整装保修指的是保修对象为整个复杂产品，是产品的全系统外包。适用于整装保修的产品一般来说系统性强，技术含量高，且产品维修对维修人员技术和设备要求较高，军队不具备相应维修条件。需要整装保修的产品较少，最为常见的是一些导弹装备，军队无自主维修能力或维修能力不足，一般需要承制单位进行整装保修。

2）产品组成结构分析

对于不需要整装保修的复杂产品，需要对产品的组成结构进行分析，在此基础上，确定复杂产品各组成部分保修需求。

根据复杂产品的组成结构，按照"产品－分系统－组件"的顺序逐步分析，绘制产品结构图。产品系统结构层次的划分要合理，太笼统不能有效地区分需要保修的单元，降低保修的军事经济效益。过于细致则会使分析工作复杂化，在保修实践中不适用也没有必要，能够有效区分出高技术分系统即可，因为这些系统一般来说维修难度较大，军队很难在短时间内形成自主维修能力。通常采用功能展开的方法划分复杂产品层次，明确实现各项功能所对应的分系统，在此基础上确定各分系统的保修需求。

3）分系统保修需求确定

在产品组成结构分析基础上，根据各分系统的技术复杂程度、维修难度及军队维修能力水平，确定产品保修单元。适用于军队自主维修的复杂装备分系统判断准则主要包括：

①军队拥有较强同类系统维修保障能力，具备相应维修资源基础。

②系统技术结构相对简单，经过承制单位培训和维修资源建设，军队能够形成自主维修能力。

一般来说，对于这些系统实施军队自主维修保障，这主要是考虑到充分利用军队现有维修资源，避免资源浪费和重复建设，确保军事经济效益，也是维持和增强军队维修保障能力，降低复杂产品维修保障风险的需要。

3.2.2　选择保修策略

本书第1章1.4节中已经给出保修策略的具体分类。由于各单元的技术结构特点、部署情况及军队维修技术资源、需求的不同，所适用的保修策略也有所区别。因此，在确定装备保修单元之后，需要针对不同的装备保修单元，确定其适用于哪种保修策略，从而进一步明确军方和承制单位的保修责任，为深入开展业务级产品保修决策分析奠定基础。

依据系统技术结构特性、列装部署规模、军队现有维修条件和资源等给出相应保修策略的判断准则。

1. 一维/二维保修判断准则

保修维度指的是保修期限的确定方式。适用于二维保修的系统往往对产品功能有重要影响或具有较高价值，且使用率的不同对系统故障率具有明显影响，使用程度的测度易于统计，如炮弹的发射数、摩托小时、行驶里程等，这些指标能够反映某些系统的使用强度且一般有相应的记录或统计仪表，测量成本较低，具有良好的经济性[146]。针对不同使用率的系统，相对于一维保修策略，二维保修策略更为精确，能够更好地控制保修成本（初始保修和保修成本）。对这类系统来说，实施二维保修策略更加理性和科学[147]。对于不符合这些条件的产品保修单元，则判断适用于一维保修策略。保修期维度越高对承制单位越有利，这是因为保修期维度越低，若军方对保修对象的使用程度较高时，承制单位较难控制保修费用成本。但保修维度越高，保修期可能终止得越早，导致军方没有充足的时间形成保障能力。因此在选择维度时，必须按照保修对象实际退化状态和日历时间、使用程度之间的关系来合理选择保修期维度。一维保修和二维保修的保修期限维度适用性和有效性准则如表 3 - 1 和表 3 - 2 所示。

表 3 - 1　保修期限维度适用性准则

策略类型	适用性准则
一维保修	针对仅随时间或使用度退化的产品采取的维修任务，或军方需要特定时间来建设自身保障能力
二维保修	随时间和单一使用度指标退化的产品采取的维修任务

表 3 - 2　保修期限维度有效性准则

策略类型	有效性准则
一维保修	只要适用，就认为是有效的
二维保修	军方和承制单位均认同所选用约束保修期的指标

2. 修复性/预防性保修判断准则

保修期内维修方式对系统的保修费用、可用度和使用寿命等具有重要影响。维修方式确定主要是根据维修工作的经济性和有效性原则，判断产品保修单元是否需要预防性维修。对于日常维护保养，一般经过初始保修期内的培训后，军队能够自主完成，因此这类预防性维修不属于承制单位保修范畴。

因此，这里的预防性维修主要是承制单位开展的完全预防性维修和不完全预防性维修。首先，实施预防性维修必须能够有效降低系统故障率进而提高产品可用度；其次，预防性维修工作应具有经济性，即实施预防性维修必须能够有效控制保修成本。当预防性维修工作不满足上述条件时，则考虑采用故障后修复的方式进行维修。

3. 初始/延伸保修判断准则

由于复杂装备的特殊性，使得对维修工作的风险性和保密性等有较高的要求。另外，军队也需要建设和维持其核心维修能力，以提高装备作战力和保障力。因此，对大部分装备单元来说，军队最终都要形成自主维修保障能力。此时，保修是作为军队尚未形成自主维修能力的过渡阶段存在的，这一时期也是军队维修资源建设和维修能力形成时期。初始保修的判断准则可归纳如下：

①在技术结构特性方面，系统结构复杂，技术含量高。

②在列装部署情况方面，保修单元所属产品列装数量较多，建立修理线具有较高效益。

③在维修保障能力方面，初始保修期结束后，军队自主保障能力不足，军队尚未形成修理能力，但基本具备修理条件；或军方必须形成自主维修能力，但尚不具备修理条件。

④在维修资源建设方面，军方具备一定的维修资源基础，在此基础上进行人员培训及修理线建设具有较好的军事经济效益。

延伸保修的判断准则可归纳如下：

①在技术结构特性方面，系统结构复杂，技术含量高，具有较好的军地通用性，技术标准类似。

②在列装部署情况方面，保修单元所属装备列装数量较少，军方没有必要建立相应修理线。

③在维修保障能力方面，军方在初始保修期内未形成自主维修能力，且维修保障难度大，承制单位具有相应的维修技术和能力。

④在维修资源建设方面，军方修理机构尚不具备修理条件，或对技术有特殊要求，修理线建设难度大、建设成本高、周期长、军事经济效益差，军方不宜建设修理线的产品单元。

针对保修单元的具体情况，需要科学地选择相应的保修策略，只有这样才能确保保修服务的军事及经济效益。同时，无论何种策略都应当坚持军方主导原则，加强监督管理，以降低保修工作风险。

4. 更新/非更新保修判断准则

根据本书第 1 章 1.4 节中对更新保修和非更新保修的介绍可知,更新保修对军方更有利,而非更新保修对于承制单位更有利,但承制单位提供更新保修服务策略可以在竞争性采购中更具优势。目前大部分保修策略都是非更新保修策略,但对于一些特殊单元可以采用更新保修。对于一些不可修单元,损坏后需用新品进行更换,可以采用更新保修;针对一些高可靠性要求单元的保修,可以采用更新保修,促使承制单位提高单元固有可靠性来降低保修成本。更新保修服务策略和非更新保修服务策略的保修服务期更新适用性准则和有效性准则如表 3-3 和表 3-4 所示。

表 3-3 保修服务期更新适用性准则

策略类型	适用性准则
更新保修	针对一些不经常出现的重大故障的维修,一般为更换维修,维修后单元修复如新
非更新保修	针对较常出现的故障情况的维修任务,一般维修后,单元不会修复如新

表 3-4 保修服务期更新有效性准则

策略类型	有效性准则	
	军方角度	承制单位角度
更新保修	只要适用,就认为是有效的	能够控制保修成本
非更新保修	可以有效维护自身权益	只要适用,就认为是有效的

3.3 业务级产品保修决策分析

通过系统级产品保修决策分析,明确了产品各系统保修需求及所适用的保修策略,而对于产品保修的具体实施方式等问题,还需要开展业务级产品保修决策分析。首先确定保修决策模型的优化目标,如保修成本最低、可用度最高、费效比最小等,然后需要确定决策变量。对于军用产品而言,决策变量主要是预防性维修间隔期、保修期及价格,然后需要对保修数据进行收集与分析,之后采用合适的方法建立决策模型,通过求解模型检验是否可以达到预期决策目标。如果能够达到目标则说明模型有效，否则需要对模型进行调整。产品保修模型优化步骤如图 3 – 2 所示。

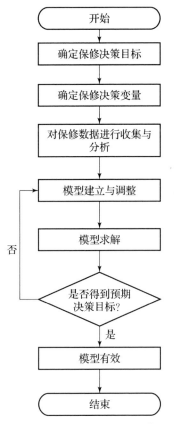

图 3 – 2 产品保修模型优化步骤

　　保修价格是军队需要支付的费用。保修期及价格决策涉及预防性维修间隔期确定、保修费用估算、产品可用度估计等因素，也是直接关系到军地双方利益的关键决策步骤。产品保修决策前几个步骤都有相应的决策流程和判断准则，而保修期及价格的决策却存在很大的不确定性，需要相应的定量决策模型辅助。装备单元保修期及价格决策流程如图 3 – 3 所示。

　　由图 3 – 3 可以看出，保修期及价格决策是在具体的保修模式和策略下，权衡军队和承制单位需求，由保修定量决策模型体系辅助完成。由于在实际应用中，一维和二维保修比较常见，而多维保修由于控制指标多，模型构建复杂，实用性较差，且通常来说是没有必要的。在维修方式选择方面，目前在保修领域修复性维修的研究较多，而对于复杂产品而言，故障导致的损失较大，所以采用预防性维修对提高保修工作效益具有重要意义。对系统进行

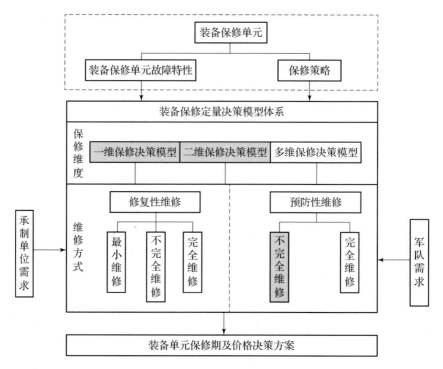

图 3 – 3　装备单元保修期及价格决策流程

预防性更换的完全维修对于复杂产品而言费用过高，不完全预防性维修则更加合理且更贴近实际情况。

对于初始保修装备，保修周期长度即是从装备列装部队至军队形成自主维修能力，此时一般不需要对其进行决策，只需确定保修的价格即可。当然，对于需要预防性维修的产品单元来说，需要在考虑保修费用和产品可用度的情况下，优化预防性维修间隔期，进而对价格进行决策。对于延伸保修产品，保修周期不仅对单元使用寿命有影响，而且也会影响到承制单位在保修期内维修工作的实施，进而影响保修费用，因此，需要综合考虑这些因素，在保证军地双方利益的基础上，决策保修期及价格。

由以上分析可以看出，影响保修期及价格确定的因素众多，决策结果也直接影响到保修工作的有效性和经济性。尤其是对于复杂装备，由于其技术特性和保密性等要求，很多单元只能由装备承制单位来提供保修服务，缺乏竞争机制，所以更需要进行深入的费效分析以保证产品保修的军事经济效益，本书将在后续章中针对这一问题进行详细建模分析，以科学地确定保修期及价格。

综合以上系统级和业务级保修决策分析结果，即可在此基础上制定产品保修决策方案。

3.4　案例分析

近年来，列装部队的新型自行火炮装备综合运用高新技术，系统结构复杂，性能先进。根据自行火炮武器装备功能，通常可将其分为火力与控制系统、推进系统和辅助系统三部分[148]。火力与控制系统主要用于发射弹丸，并提高火力反应速度及射击精度等，由装填系统、瞄准系统、机电传动系统等组成，是自行火炮作战效能的关键。推进系统是自行火炮的重要组成部分，也是为其提供动力和自行牵引力，实现运载火力系统、承受各种负荷和自行机动的关键。推进系统主要可划分为动力系统、传动系统、行动系统、操纵系统等。辅助系统用于与火力系统、推进系统配合，使自行火炮构成一个综合武器系统。随着高新技术不断应用于自行火炮中，辅助系统不断促进自行火炮技术性能发展，其在自行火炮总体战术性能中作用也越发重要。辅助系统主要由电气系统、观瞄系统、液压系统等组成。某新型自行火炮系统组成结构如图 3-4 所示。

维修保障工作对自行火炮作战使用影响很大。随着高新技术的不断融入，军方在初始保修结束后难以形成自主维修能力，而装备承制单位具备较强的维修技术资源，因此通过合理的保修决策可以有效引入承制单位维修力量，解决初始保修期结束后军队自主维修能力不足的问题，提高自行火炮维修工作效益和战备完好性。

自行火炮系统保修提供方通常为装备承制单位。由于不同系统技术结构和军队维修资源基础等不同，相应的保修决策方案也有所区别。下面运用上文提出的保修决策流程，以图 3-4 所示的某新型自行火炮系统为例，从分系统角度对自行火炮推进系统进行保修决策分析。

1. 确定保修单元

保修单元的确定主要取决于初始保修结束后军队维修能力建设情况。自行火炮是在牵引火炮、坦克等装备技术基础上发展而来的，很多系统或部件具有一定的通用性，军方有一定自主维修能力，因此并不需要整装保修。图 3-4 基于装备功能给出了某新型自行火炮系统组成结构框图，以推进系统下的分系统为例，通过到部队调研发现，传动系统、行动系统和操纵系统结构相对简单，且对于其中大部分组件如履带式推进装置、变速、转向操纵装置等也应用于同类装备，军方也具备较强维修资源基础，在初始期内一般可形成自主维修能力，因此在初始保修期结束后可直接交由军方维修保障。动

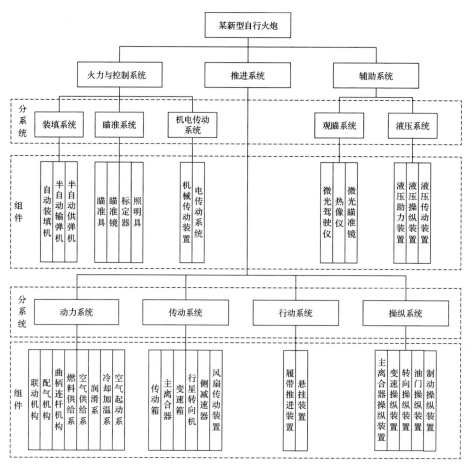

图 3 - 4　某新型自行火炮系统组成结构

力系统（即发动机）技术结构复杂，维修难度大，出现故障后拆修比较困难，军方在初始保修结束后难以形成自主维修能力，且动力系统军地通用性好，技术标准一致，因此适宜采用保修。类似的，同样适用于保修的分系统还有装填系统、瞄准系统和观瞄系统。

2. 确定保修策略

动力系统对推进系统功能有重要影响，且价值较高，不同使用率对动力系统的故障率也有明显影响。对于动力系统来说，行驶里程与其使用程度有直接关系，因此可使用行驶里程作为使用测度，也易于统计。发动机故障维修费用和损失较高，采用预防性维修可降低系统故障率，因此对于动力系统来说，适用于二维预防性保修策略。对装填系统、瞄准系统、观瞄系统而言，其使用程度不易测量统计，使用率和故障关系难以确定，而且随着系统使用性能逐渐退化，且系统本身价值和故障损失较高，实施预防性维修工作可有效降低系统故障率，提高经济效益，因此这 3 个分系统适用于一维预防性保修策略。

在此基础上，应进行保修周期和价格的决策，具体模型和优化方法将在之后章节中进行研究分析。

3. 综合形成保修决策方案

综合以上分析结果，形成保修决策方案，从整体上对某新型自行火炮保修决策结果进行把握和分析，据此制定保修服务合同，以促进和规范保修工作的实施。某新型自行火炮保修决策方案汇总形式如表 3 - 5 所示。

表 3 - 5　某新型自行火炮保修决策方案汇总形式

项目编码	某新型自行火炮			
	保修单元	保修策略	性能要求	保修期及价格
Ⅰ	动力系统	二维预防性延伸保修策略	A_0	(W_e, U_e), P_{EW}
Ⅱ	装填系统	一维预防性延伸保修策略	A_0	W_e, P_{EW}
Ⅲ	瞄准系统	一维预防性延伸保修策略	A_0	W_e, P_{EW}
Ⅳ	观瞄系统	一维预防性延伸保修策略	A_0	W_e, P_{EW}
Ⅴ	—	—	—	—
Ⅵ	—	—	—	—

3.5　本章小结

对产品保修决策流程进行规范不仅可明确决策任务，提高决策效率，也可以控制承制单位参与产品维修保障深度，保持军方核心维修能力，降低维修保障工作风险。本章通过系统级和业务级保修决策分析，明确了产品保修决策的基本步骤，包括确定保修单元、确定保修策略、确定保修期及价格，并分析了各步骤中决策内容及原则，给出了相应的逻辑决断流程及决策方法，通过案例分析展示了保修决策分析方法，为装备保修方案制定和顺利实施提供指导。

第4章
结构相关多部件系统保修决策建模研究

结构相关性是多部件相关性中的常见形式。对结构相关的多部件系统中任一单元进行维修时，由于结构约束需要对系统中其他部件同时进行维修或拆卸。因此，在对具有结构相关性的多部件系统进行保障维修时，由于产品结构特性不同，每次产品故障后的维修对象、维修数量上也有一定区别。本章从多部件系统具有结构相关性角度出发，提出了多部件更新保修服务决策模型。

4.1 结构相关多部件系统一维更新保修服务决策模型

多部件系统常见结构有串联结构、并联结构、混联结构、冷储备结构等。不同结构的多部件系统，保修决策模型不同，本节主要分析结构相关多部件系统一维更新保修决策模型的建立过程，从而为二维更新保修决策模型的建立奠定基础。

4.1.1 模型假设

多部件系统由多个单元组成，每个单元具有多个故障模式，每个故障模式仅有一种故障原因，各故障模式相互独立。当单元发生故障导致系统故障后，对多部件系统整体进行维修。维修后，多部件系统修复如新，保修期重新开始计时，直到保修期内多部件系统发生故障为止。其中，$R_s(t)$为多部件系统可靠度函数，$f_s(t)$为多部件系统故障概率密度函数，$F_s(t)$为多部件系统累积故障分布函数，$\lambda_s(t)$为多部件系统故障率函数，N_s为系统在保修服务周期内的故障次数。多部件系统的一维保修期为w。$E(CR)$为多部件系统一维更新保修期望费用，$D(CR)$为多部件系统一维更新保修费用方差。

4.1.2　模型构建

1）串联结构

假设多部件系统由 J 个相互独立的单元串联，第 i 个单元包含 $k_i (i=1,2,\cdots,J)$ 个相互独立的故障模式。第 i 个单元的第 j 个故障模式的维修费用为 C_{ij}，$F_{ij}(t)$ 和 $R_{ij}(t)$ 表示第 i 个单元的第 j 个故障模式的累积故障分布函数和可靠度函数。$\lambda_{ij}(t)$ 为系统第 i 个单元的第 j 个故障模式的故障率函数。N_{ij} 表示第 i 个单元的第 j 个故障模式在更新保修周期内的故障次数。任一单元的任一故障模式发生，串联系统就会发生故障，由此故障特性可知

$$R_s(t) = \prod_{i=1}^{J}\prod_{j=1}^{k_i}(1-F_{ij}(t)) = \prod_{i=1}^{J}\prod_{j=1}^{k_i}R_{ij}(t) \tag{4-1}$$

$$N_s = \sum_{i=1}^{J}\sum_{j=1}^{k_i}N_{ij} \tag{4-2}$$

串联系统的更新保修服务费用 CR 为

$$CR = \sum_{i=1}^{J}\sum_{j=1}^{k_i}C_{ij}N_{ij} \tag{4-3}$$

因此，串联系统更新保修服务的期望费用和费用方差为

$$E(CR) = \sum_{i=1}^{J}\sum_{j=1}^{k_i}C_{ij}E(N_{ij}) \tag{4-4}$$

$$D(CR) = \sum_{i=1}^{J}\sum_{j=1}^{k_i}C_{ij}^2 D(N_{ij}) + 2\left[\begin{array}{l}\sum_{i=1}^{J}\sum_{a<b}C_{ia}C_{ib}\mathrm{cov}(N_{ia},N_{ib}) + \\ \sum_{i<m}\sum_{j=1}^{k_i}\sum_{n=1}^{k_m}C_{ij}C_{mn}\mathrm{cov}(N_{ij},N_{mn})\end{array}\right]$$

$$(a,b=1,2,\cdots k_i;\ i,m=1,2,\cdots,J) \tag{4-5}$$

设 $p_{ij}(w)$ 为第 i 个单元的第 j 个故障模式在保修期内引发串联系统发生故障的概率，则根据定义可得

$$\left.\begin{array}{l}p_{ij}(w) = P(T_{ij}\leqslant T_{\min},T_{ij}\leqslant w) = \displaystyle\int_0^w\frac{\lambda_{ij}(t)}{\lambda_s(t)}f_s(t)\mathrm{d}t \\ T_{\min} = \min(T_{mn},\ m=1,2,\cdots J,\ n=1,2,\cdots,k_i,\ m\neq j)\end{array}\right\} \tag{4-6}$$

当串联系统故障次数为 $N_s=n_s$ 时，各单元各故障模式发生故障次数的条件联合概率函数符合多项式分布，即

$$P(N_{11}=n_{11},N_{12}=n_{12},\cdots,N_{ij}=n_{ij},\cdots,N_{Jk_J}=n_{Jk_J}\mid N_s=n_s)$$

$$= \frac{n_s!}{\sum_{i=1}^{J}\sum_{j=1}^{k_i}n_{ij}!}\prod_{i=1}^{k}\left(\frac{p_{ij}(w)}{F_s(w)}\right)^{n_{ij}} \tag{4-7}$$

由多项分布特性可知

$$P(N_{ij} = n_{ij} \mid N_s = n_s) = \frac{n_s!}{n_{ij}!(n_s - n_{ij})!} \left(\frac{p_{ij}(w)}{F_s(w)}\right)^{n_{ij}} \left(1 - \frac{p_{ij}(w)}{F_s(w)}\right)^{n_s - n_{ij}} \quad (4-8)$$

其中，利用矩母函数和条件期望可得

$$E(e^{tN_i}) = E[E[e^{tN_i} \mid N_s]] = E\left[\left(1 - \frac{p_{ij}(w)}{F_s(w)} + \frac{p_{ij}(w)}{F_s(w)}e^t\right)^{N_s}\right]$$

$$= \frac{\dfrac{R_s(w)}{R_s(w) + p_{ij}(w)}}{1 - \dfrac{p_i(w)}{R_s(w) + p_{ij}(w)}e^t} \quad (4-9)$$

可见，N_{ij} 符合几何分布，表达式为

$$P(N_{ij} = n_{ij}) = \left(\frac{p_{ij}(w)}{R_s(w) + p_{ij}(w)}\right)^{n_{ij}} \left(1 - \frac{p_{ij}(w)}{R_s(w) + p_{ij}(w)}\right) \quad (4-10)$$

根据几何分布特性，N_{ij} 的期望和方差为

$$E(N_{ij}) = \frac{p_{ij}(w)}{R_s(w)} \quad (4-11)$$

$$D(N_{ij}) = \frac{p_{ij}(w)[R_s(w) + p_{ij}(w)]}{(R_s(w))^2} \quad (4-12)$$

不妨设 $n_s = n_{ij} + n_{mn} + n_{pq}$，根据条件概率函数性质可知

$$P(n_{ij}, n_{mn}) = [F_s(w)]^{n_{ij} + n_{mn} + n_{pq}} R_s(w) \times$$

$$\sum_{n_{pq}=0}^{\infty} p(N_{ij} = n_{ij}, N_{mn} = n_{mn}, N_{pq} = n_{pq} \mid N_s = n_{ij} + n_{mn} + n_{pq})$$

$$= \frac{(n_{ij} + n_{mn})!}{n_{ij}! n_{mn}!} \left(\frac{P_{ij}(w)}{R_s(w) + P_{ij}(w) + P_{mn}(w)}\right)^{n_i} \times$$

$$\left(\frac{P_{mn}(w)}{R_s(w) + P_{ij}(w) + P_{mn}(w)}\right)^{n_j} \frac{R_s(w)}{R_s(w) + P_{ij}(w) + P_{mn}(w)}$$

$$(4-13)$$

进而可得

$$\mathrm{cov}(N_{ij}, N_{mn}) = E(N_{ij}N_{mn}) - E(N_{ij})E(N_{mn})$$

$$= \sum_{n_{ij}=0}^{\infty} \sum_{n_{mn}=0}^{\infty} n_{ij} n_{mn} P(n_{ij}, n_{mn}) - \frac{p_{ij}(w)p_{mn}(w)}{[R_s(w)]^2}$$

$$= \frac{p_{ij}(w)p_{mn}(w)}{[R_s(w)]^2} \quad (4-14)$$

因此，串联系统的费用模型为

$$E(CR) = \sum_{i=1}^{J} \sum_{j=1}^{k_i} C_{ij} \frac{p_{ij}(w)}{R_s(w)} \qquad (4-15)$$

$$D(CR) = \frac{1}{[R_s(w)]^2} \left\{ \begin{array}{l} \sum_{i=1}^{J} \sum_{j=1}^{k_i} C_{ij}^2 p_{ij}(w) [p_{ij}(w) + R_s(w)] \\ + 2 \left[\begin{array}{l} \sum_{i=1}^{J} \sum_{a<b} C_{ia} C_{ib} p_{ia}(w) p_{ib}(w) + \\ \sum_{i<m} \sum_{j=1}^{k_i} \sum_{n=1}^{k_m} C_{ij} C_{mn} p_{ij}(w) p_{mn}(w) \end{array} \right] \end{array} \right\} \qquad (4-16)$$

$$(a,b = 1,2,\cdots k_i; \ i,m = 1,2,\cdots,J)$$

2. 并联结构

假设多部件系统由 J 个相互独立的单元并联，第 i 个单元包含 $k_i(i=1, 2,\cdots,J)$ 个相互独立的故障模式。第 i 个单元的第 j 个故障模式的维修费用为 C_{ij}。$F_{ij}(t)$ 和 $R_{ij}(t)$ 表示第 i 个单元的第 j 个故障模式的累积故障分布函数和可靠度函数。$\lambda_{ij}(t)$ 为系统第 i 个单元的第 j 个故障模式的故障率函数。N_{ij} 表示第 i 个单元的第 j 个故障模式在更新保修周期内的故障次数。并联系统所有单元故障时系统才会发生故障，由此故障特性可知

$$F_s(w) = \prod_{i=1}^{J} F_i(w) = \prod_{i=1}^{J} \left(1 - \prod_{j=1}^{k_i} R_{ij}(w) \right) \qquad (4-17)$$

$$= F_k(w) F_s^{\bar{k}}(w), \ k \in \{1,2,\cdots,J\}$$

$$\sum_{j=1}^{k_i} N_{ij} = N_s \ (i = 1,2,\cdots,J) \qquad (4-18)$$

并联系统的更新保修服务费用 CR 为

$$CR = \sum_{i=1}^{J} \sum_{j=1}^{k_i} C_{ij} N_{ij} \qquad (4-19)$$

因此，并联系统的更新保修服务的期望费用和费用方差为：

$$E(CR) = \sum_{i=1}^{J} \sum_{j=1}^{k_i} C_{ij} E(N_{ij}) \qquad (4-20)$$

$$D(CR) = \sum_{i=1}^{J} \sum_{j=1}^{k_i} C_{ij}^2 D(N_{ij}) + 2 \left[\begin{array}{l} \sum_{i=1}^{J} \sum_{a<b} C_{ia} C_{ib} \mathrm{cov}(N_{ia}, N_{ib}) + \\ \sum_{i<m} \sum_{j=1}^{k_i} \sum_{n=1}^{k_m} C_{ij} C_{mn} \mathrm{cov}(N_{ij}, N_{mn}) \end{array} \right] \qquad (4-21)$$

$$(a,b = 1,2,\cdots k_i; \ i,m = 1,2,\cdots,J)$$

设 $p_{ij}(w)$ 为第 i 个单元的第 j 个故障模式在保修期内引发并联多部件系统发生故障的概率，则根据定义可得

$$p_{ij}(w) = P(T_{ij} \leq \min(T_{ik}, \forall k, k \in \{1,2,\cdots,k_i\}, k \neq j), T_{ij} \leq w, T_s^{\bar{i}} \leq w)$$

$$= P(T_{ij} \leq \min(T_{ik}, \forall k, k \in \{1,2,\cdots,k_i\}, k \neq j), T_{ij} \leq w) F_s^{\bar{i}}(w)$$

$$= F_s^{\bar{i}}(w) \int_0^w \prod_{k \in \{1,2,\cdots,k_i\}, k \neq j} R_{ik}(t) \mathrm{d}F_{ij}(t) = \frac{F_s(w)}{1 - \prod_{j=1}^{k_i} R_{ij}(w)} \int_0^w \frac{\lambda_{ij}(t)}{\sum_{j=1}^{k_i} \lambda_{ij}(t)} f_i(t) \mathrm{d}t$$

$$(4-22)$$

类似公式（4-10）分析过程，可得

$$P(N_{ij} = n_{ij}) = \left(\frac{p_{ij}(w)}{R_s(w) + p_{ij}(w)}\right)^{n_{ij}} \left(1 - \frac{p_{ij}(w)}{R_s(w) + p_{ij}(w)}\right) \quad (4-23)$$

因此，当 $a, b = 1, 2, \cdots, k_i$，且 $a \neq b$ 时有

$$\mathrm{cov}(N_{ia}, N_{ib}) = E(N_{ia}N_{ib}) - E(N_{ia})E(N_{ib}) = \frac{p_{ia}(w)p_{ib}(w)}{[R_s(w)]^2} \quad (4-24)$$

对并联系统中第 i 个单元有

$$P(N_{i,1} = n_{i,1}, N_{i,2} = n_{i,2}, \cdots, N_{i,k_i} = n_{ij}) = R_s(w) \frac{n_i!}{\sum_{j=1}^{k_i} n_{ij}!} \prod_{k=1}^{k_i} [p_{ik}(w)]^{n_{ik}}$$

$$(4-25)$$

根据条件概率性质可得

$$p(n_{ij}, n_{mn}) = \sum_{n_{ij''} \geq n_{mn} - n_{ij}}^{\infty} \left[\begin{pmatrix} \frac{(n_{ij} + n_{ij''})!}{(n_{mn})!(n_{ij} + n_{ij''} - n_{mn})!} \times \\ \left[\frac{p_{mn}(w)}{F_s(w)}\right]^{n_{mn}} \left[1 - \frac{p_{mn}(w)}{F_s(w)}\right]^{n_{ij} + n_{ij''} - n_{mn}} \end{pmatrix} \times \\ \begin{pmatrix} \frac{(n_{ij} + n_{ij''})!}{(n_{ij})!(n_{ij''})!} \left[\frac{p_{ij}(w)}{F_s(w)}\right]^{n_{ij}} \times \\ \left[1 - \frac{p_{ij}(w)}{F_s(w)}\right]^{n_{ij''}} [F_s(w)]^{n_{ij} + n_{ij''}} R_s(w) \end{pmatrix} \right]$$

$$(i, m = 1, 2, \cdots, J; \ i \neq m; \ j = 1, 2, \cdots, k_i; \ n = 1, 2, \cdots, k_m; \ n_s = n_{ij} + n_{ij''})$$

$$(4-26)$$

进而可得并联系统的费用模型为

$$E(CR) = \sum_{i=1}^{J} \sum_{j=1}^{k_i} C_{ij} \frac{p_{ij}(w)}{R_s(w)} \qquad (4-27)$$

$$D(CR) = \sum_{i=1}^{J} \sum_{j=1}^{k_i} C_{ij}^2 \frac{p_{ij}(w)[p_{ij}(w) + R_s(w)]}{[R_s(w)]^2} +$$

$$2\left[\begin{array}{l} \sum_{i=1}^{J} \sum_{a<b} C_{ia}C_{ib} \dfrac{p_{ia}(w)p_{ib}(w)}{[R_s(w)]^2} + \\[2em] \sum_{i<m} \sum_{j=1}^{k_i} \sum_{n=1}^{k_m} C_{ij}C_{mn} \left(\begin{array}{l} \sum_{n_{ij}=0}^{\infty} \sum_{n_{mn}=0}^{\infty} n_{ij}n_{mn}p(n_{ij},n_{mn}) \\[1em] -\dfrac{p_{ij}(w)p_{mn}(w)}{[R_s(w)]^2} \end{array} \right) \end{array} \right] \qquad (4-28)$$

$$(a,b = 1,2,\cdots k_i;\ i,m = 1,2,\cdots,J)$$

3. 混联结构

由串联系统和并联系统混合而成的系统为混联系统，不同的组合模式形成不同的混联系统。由于其组成的复杂性，下面以并串联系统为例进行费用预测研究。并串联系统中的单元先串联后并联，可靠性框图如图 4 - 1 所示。$r_i(i=1,2,\cdots,q)$ 表示第 i 行有 r_i 个单元，单元之间相互独立。$p_{ijk}(w)$ 表示第 i 行第 j 个单元的第 k 个故障模式 w 时刻引发单元故障的概率（该单元一共有 l_{ij} 个故障模式）的可靠度函数。$R_{ijk}(t)$ 为第 i 行第 j 个单元的第 k 个故障模式的可靠度函数，$\lambda_{ijk}(t)$ 为第 i 行第 j 个单元的第 k 个故障模式的故障率函数。$f_i(t)$ 为串并联系统第 i 行子系统的故障概率密度函数。

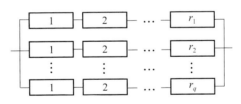

图 4 - 1　并串联系统可靠性框图

根据并串联系统的故障特性，并串联系统的可靠度为

$$R_s(w) = 1 - \prod_{i=1}^{q} \left(1 - \prod_{j=1}^{r_i} \prod_{k=1}^{l_{ij}} R_{ijk}(w) \right) \qquad (4-29)$$

推导过程类似并联系统，该系统费用的期望和方差为

$$E(CR) = \sum_{i=1}^{q} \sum_{j=1}^{r_i} \sum_{k=1}^{l_{ij}} C_{ijk} \frac{p_{ijk}(w)}{R_s(w)} \qquad (4-30)$$

$$D(CR) = \frac{\sum_{i=1}^{q} \sum_{j=1}^{r_i} \sum_{k=1}^{l_{ij}} C_{ijk}^2 p_{ijk}(w)[p_{ijk}(w) + R_S(w)]}{[R_s(w)]^2} +$$

$$2\left[\begin{array}{c} \sum_{i=1}^{q} \sum_{j=1}^{r_i} \sum_{a<b} C_{ija} C_{ijb} \dfrac{p_{ija}(w)p_{ijb}(w)}{[R_s(w)]^2} + \\[2ex] \sum_{i=1}^{q} \sum_{m<n} \sum_{d=1}^{l_{im}} \sum_{e=1}^{l_{in}} C_{imd} C_{ine} \dfrac{p_{imd}(w)p_{ine}(w)}{[R_s(w)]^2} + \\[2ex] \sum_{i<z} \sum_{j=1}^{r_i} \sum_{k=1}^{l_{ij}} \sum_{f=1}^{r_z} \sum_{g=1}^{l_{zd}} C_{ijk} C_{zfg} \left(\begin{array}{c} \sum_{n_{ijk}=0}^{\infty} \sum_{n_{zfg}=0}^{\infty} n_{ijk} n_{zfg} p(n_{ijk}, n_{zfg}) - \\[2ex] \dfrac{p_{ijk}(w)p_{zfg}(w)}{[R_s(w)]^2} \end{array}\right) \end{array}\right] \quad (4-31)$$

$$(m,n = 1,2,\cdots r_i; \ a,b = 1,2,\cdots l_{ij}; \ i,z = 1,2,\cdots,q)$$

其中，$n_s = \sum_{j=1}^{r_i} \sum_{k=1}^{l_{ij}} n_{ijk} = n_{ijk} + n_{ijk''}(i=1,2,\cdots,q)$，$p_{ijk}(w) = \dfrac{F_s(w)}{1-\prod_{j=1}^{r_i}\prod_{k=1}^{l_{ij}} R_{ijk}(w)} \int_0^w$

$\dfrac{\lambda_{ijk}(t)}{\sum_{j=1}^{r_i}\sum_{k=1}^{l_{ij}} \lambda_{ijk}(t)} f_i(t)\mathrm{d}t$，$p(n_{ijk}, n_{zfg}) = \sum_{n_{ijk''} \geqslant n_{zfg}-n_{ijk}}^{\infty} \left[\begin{array}{c} \left(\dfrac{(n_{ijk}+n_{ijk''})!}{(n_{zfg})!(n_{ijk}+n_{ijk''}-n_{zfg})!} \times \right. \\[2ex] \left.\left[\dfrac{p_{zfg}(w)}{F_s(w)}\right]^{n_{mn}} \left[1-\dfrac{p_{zfg}(w)}{F_s(w)}\right]^{n_{ij}+n_{ij''}-n_{mn}}\right) \end{array}\right] \times$

$$\left(\begin{array}{c} \dfrac{(n_{ijk}+n_{ijk''})!}{(n_{ijk})!(n_{ijk''})!}\left[\dfrac{p_{ijk}(w)}{F_s(w)}\right]^{n_{ijk}} \times \\[2ex] \left[1-\dfrac{p_{ijk}(w)}{F_s(w)}\right]^{n_{ijk''}} [F_s(w)]^{n_{ijk}+n_{ijk''}} R_s(w) \end{array}\right)$$

4. 冷储备系统

对于冷储备系统，储备单元可以是同型同故障模式的单元，也可以是不同型的单元。采用不同型冷储备系统是为了避免同一故障原因引发储备单元连续故障。该类系统常见于航天可回收重复使用系统，如备用供电系统可能采用柴油发电机和燃料电池等作为冷储备系统中单元。假设冷储备系统共有 J 个单元，每个单元有 $k_i(i=1,2,\cdots,J)$ 个故障模式所组成的冷储备系统。N_{ij} 表示第 i 个单元的第 j 个故障模式在更新保修周期内的故障次数。$p_{ij}(w)$ 为冷储备系统第 i 个单元的第 j 个故障模式在更新保修周期内引发单元故障的概率，$R_{ij}(t)$ 表示第 i 个单元的第 j 个故障模式的可靠度函数，$\lambda_{ij}(t)$ 为系统第 i 个单

元的第 j 个故障模式的故障率函数。$f_i(t)$ 为第 i 个单元的故障概率密度函数。根据冷储备系统故障特性可知

$$R_s(t) = 1 - F_1(t) * F_2(t) * \cdots * F_J(t) \tag{4-32}$$

$$F_i(w) = 1 - \prod_{j=1}^{k_i} R_{ij}(w) \tag{4-33}$$

$$\sum_{j=1}^{k_i} N_{ij} = N_s \quad (i = 1, 2, \cdots J) \tag{4-34}$$

*为卷积符号。假设转换开关可靠时,类似并联系统推导过程,可得冷储备系统的费用模型为:

$$E(CR) = \sum_{i=1}^{J} \sum_{j=1}^{k_i} C_{ij} \frac{p_{ij}(w)}{R_s(w)} \tag{4-35}$$

$$D(CR) = \sum_{i=1}^{J} \sum_{j=1}^{k_i} C_{ij}^2 \frac{p_{ij}(w)[p_{ij}(w) + R_s(w)]}{[R_s(w)]^2} +$$

$$2 \left[\begin{array}{l} \sum_{i=1}^{J} \sum_{a<b} C_{ia} C_{ib} \frac{p_{ia}(w) p_{ib}(w)}{[R_s(w)]^2} \\ + \sum_{i<m} \sum_{j=1}^{k_i} \sum_{n=1}^{k_m} C_{ij} C_{mn} \left(\begin{array}{l} \sum_{n_{ij}=0}^{\infty} \sum_{n_{mn}=0}^{\infty} n_{ij} n_{mn} p(n_{ij}, n_{mn}) \\ - \frac{p_{ij}(w) p_{mn}(w)}{[R_s(w)]^2} \end{array} \right) \end{array} \right] \tag{4-36}$$

$$(a, b = 1, 2, \cdots k_l; \quad i, m = 1, 2, \cdots, J)$$

其中,$\sum_{j=1}^{k_i} n_{ij} = n_s \ (i = 1, 2, \cdots, J), n_s = n_{ij} + n_{ij''}, p_{ij}(w) = F_s^{\bar{i}} \int_0^w \dfrac{\lambda_{ij}(t)}{\sum_{j=1}^{k_i} \lambda_{ij}(t)}$

$f_i(t) \mathrm{d}t, F_s^{\bar{i}} * F_i = F_s$,且有 $p(n_{ij}, n_{mn}) =$

$$\sum_{n_{ij''} \geqslant n_{mn} - n_{ij}}^{\infty} \left[\begin{array}{l} \left(\frac{(n_{ij} + n_{ij''})!}{(n_{mn})!(n_{ij} + n_{ij''} - n_{mn})!} \left[\frac{p_{mn}(w)}{F_s(w)} \right]^{n_{mn}} \left[1 - \frac{p_{mn}(w)}{F_s(w)} \right]^{n_{ij} + n_{ij''} - n_{mn}} \right) \times \\ \left(\frac{(n_{ij} + n_{ij''})!}{(n_{ij})!(n_{ij''})!} \left[\frac{p_{ij}(w)}{F_s(w)} \right]^{n_{ij}} \left[1 - \frac{p_{ij}(w)}{F_s(w)} \right]^{n_{ij''}} \left[F_s(w) \right]^{n_{ij} + n_{ij''}} R_s(w) \right) \end{array} \right]_\circ$$

4.1.3　案例分析

以冷储备系统为例,进行案例分析,系统可靠性框图如图 4-2 所示。假设系统中包含两个故障单元,单元 1 和单元 2 各包括两个故障模式。假设转换开关可靠,各故障模式对应的单元参数如表 4-1 所示。

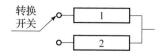

图 4-2　某冷储备系统可靠性框图

表 4-1　冷储备系统各单元参数

部件	故障模式	维修费用/元	故障概率密度函数	λ
单元 1	FM11	$C_{11} = 80$	$f_{11}(t) = \lambda_{11}\mathrm{e}^{-\lambda_{11}t}$	0.03
	FM12	$C_{12} = 200$	$f_{12}(t) = \lambda_{12}\mathrm{e}^{-\lambda_{12}t}$	0.01
单元 2	FM21	$C_{21} = 50$	$f_{21}(t) = \lambda_{21}\mathrm{e}^{-\lambda_{21}t}$	0.04
	FM22	$C_{22} = 150$	$f_{22}(t) = \lambda_{22}\mathrm{e}^{-\lambda_{22}t}$	0.03

保修期望费用 $E(CR)$ 和费用标准差 $STD = \sqrt{D(CR)}$，如图 4-3 所示。

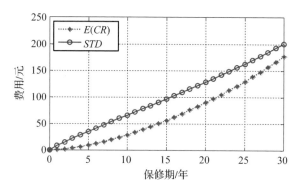

图 4-3　不同保修期更新保修期望费用和费用标准差

为验证本节模型，利用 Monte Carlo 法对系统的更新保修进行仿真，得到保修仿真费用，仿真流程如图 4-4 所示。

其中，C 为保修费用，M 为仿真次数，设为 500 次。t_{11}、t_{12}、t_{21} 和 t_{22} 为通过仿真得到故障模式 FM11、FM12、FM21 和 FM22 发生时间。保修期望费用和保修仿真费用对比如图 4-5 所示。从图 4-5 中可以看出，仿真值和计算值之间差距较小，验证了模型的有效性。

利用仿真值，对模型费用计算效果进行绝对误差分析和相对误差分析。绝对误差指标采用均方根误差（RMSE）、平均绝对误差（MAE）和方差绝对误差（VAE），而相对误差指标选用平均相对误差（MARE）和方差相对误差（VRE），具体数值结果如表 4-2 所示。选择变异系数 $CV = \left[\sqrt{D(CR)}/E(CR)\right] \times 100\%$ 来衡量解析计算值随着时间推移变异程度的变化情况。费用

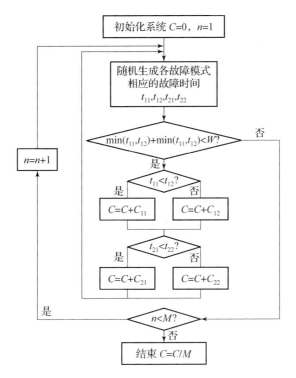

图 4 - 4　基于 Monte Carlo 法的更新保修费用仿真流程

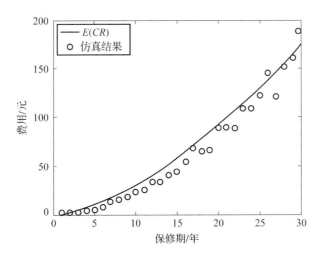

图 4 - 5　保修期望费用和保修仿真费用对比

变异系数和系统可靠性如图 4 - 6 所示。由图 4 - 6 中费用的变异系数的变化趋势可以看出，随着保修期增加，保修费用变化不太明显。这是因为当保修期达到一定数值后，更新保修终止的可能性变小。保修费用期望、费用标准差、变异系数和仿真数值部分数据比较如表 4-3 所示。

表 4-2　解析值和仿真值误差分析

误差指标	绝对误差			相对误差	
	RMSE	MAE	VAE	MARE	VRE
误差值	1.688 2	7.240 4	33.077 5	0.248 4	0.044 3

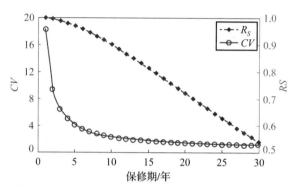

图 4-6　CV 和系统可靠性 R_s

表 4-3　保修费用期望、费用标准差、变异系数和仿真数值部分数据比较

保修期/年	$E(CR)$/元	$\sqrt{D(CR)}$/元	CV/%	保修费用仿真值/元
1	0.413 3	7.558 3	18.286 1	0.25
2	1.572 2	14.766 1	9.391 9	0.92
3	3.373 4	21.688 2	6.429 2	1.94
4	5.733 8	28.379 2	4.949 5	4.08
5	8.586 4	34.885 4	4.062 9	5.10
6	11.876 8	41.246 1	3.472 8	8.02
7	15.561 1	47.495 0	3.052 2	12.78
8	19.603 3	53.661 6	2.737 4	15.92
9	23.974 7	59.770 1	2.493 0	18.22
10	28.652 1	65.843 8	2.298 0	23.40

　　下面以单元 1 的故障模式 FM11 和单元 2 的故障模式 FM21 为代表，对模型进行敏感性分析，如图 4-7 和图 4-8 所示。从图中可以看出，$E(CR)$ 随

着故障模式的故障率增加而增加。比较图 4 - 7 和图 4 - 8 可以发现，该系统第二个单元故障率的变化对费用的影响较大。因此在储备过程中，适当提高储备单元的可靠性可以有效降低系统的更新保修费用。利用本案例的研究结果，可以辅助承制单位计算更新保修费用，也可以帮助军方衡量保修费用是否合理。当承制单位根据自身战略方案选择合理保修年限时，确定合理的产品价格，与军方快速达到价格共识，加快军民融合速度。

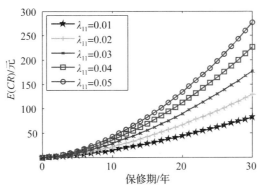

图 4 - 7　$E(CR)$ 随 λ_{11} 变化趋势

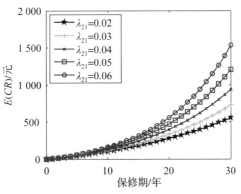

图 4 - 8　$E(CR)$ 随 λ_{21} 变化趋势

4.2　结构相关多部件系统二维更新保修服务决策模型

本节对多部件系统中串联系统、并联系统和混联系统的二维更新保修费用模型进行研究。

4.2.1 模型假设

系统中的单元相互独立，系统故障后对整个系统进行维修。维修后，系统修复如新，保修期重新开始计时。二维保修服务期 $\Omega = (W_B, U_B)$，其中保修服务期的时间界限为 W_B，使用度界限为 U_B。$F_s(t, u)$ 为系统的累积故障分布函数，$h_s(t, u)$ 为系统的故障率函数。C_m 为系统更换费用。N_s 为保修周期内系统的总故障次数。

4.2.2 模型构建

1. 串联结构

串联系统有 q 个单元，设 $\omega = \{1, 2, \cdots, q\}$，则有

$$F_s(t, u) = 1 - \prod_{i=1}^{q} [1 - F_i(t, u)] \tag{4-37}$$

第 i 个单元引发系统发生故障的概率为 $p_i(W_B, U_B)$，则

$$
\begin{aligned}
p_i(W_B, U_B) &= \int_0^\infty \int_0^\infty p[(T_i, U_i) \in \Omega, (T_j, U_j) \notin \Omega, \\
&\quad (j \in \omega, j \neq i) \mid (T_i = t, U_i = u)] f_s(t, u) \mathrm{d}t \mathrm{d}u \\
&= \int_0^{U_B} \int_0^{W_B} p[(T_j, U_j) \notin \Omega] f_s(t, u) \mathrm{d}t \mathrm{d}u \\
&= \int_0^{U_B} \int_0^{W_B} \prod_{j=1, j \neq i}^{q} [1 - F_j(t, u)] f_s(t, u) \mathrm{d}t \mathrm{d}u \\
&= \int_0^{U_B} \int_0^{W_B} h_i(t, u) \prod_{j=1}^{q} [1 - F_s(t, u)] \mathrm{d}t \mathrm{d}u \\
&= \int_0^{U_B} \int_0^{W_B} \frac{h_i(t, u)}{h_s(t, u)} f_s(t, u) \mathrm{d}t \mathrm{d}u
\end{aligned}
\tag{4-38}
$$

$h_i(t, u)$ 为第 i 个单元的故障率函数，则有 $\sum_{i=1}^{q} h_i(t, u) = h_s(t, u)$，进而可推出

$$\sum_{i=1}^{q} p_i(W_B, U_B) = F_s(W_B, U_B) \tag{4-39}$$

根据串联系统性质，可得系统更新保修期望费用为

$$E(C) = \sum_{i=1}^{q} (C_m + C_i) E(N_i) \tag{4-40}$$

C_i 表示第 i 个单元的维修费用，N_i 为保修周期内第 i 个单元的总故障次数。显然，$N_s = \sum_{i=1}^{q} N_i$。

若 $N_s = n_s$，则有 N_1，N_2，$\cdots$，N_q 的条件分布为

$$p(N_1 = n_1, N_2 = n_2, \cdots, N_q = n_q \mid N_s = n_s) = \frac{n_s!}{n_1! n_2! \cdots n_q!} \times$$

$$\prod_{i=1}^{q} \left[p_i(W_B, U_B) / F_s(W_B, U_B) \right]^{n_i}$$

$$(4-41)$$

由式（4－38）可知

$$P(N_i = n_i \mid N_s = n_s) = \frac{n_s!}{n_i!} \left(\frac{p_i(W_B, U_B)}{F_s(W_B, U_B)} \right)^{n_i} \left(1 - \frac{p_i(W_B, U_B)}{F_s(W_B, U_B)} \right)^{n_s - n_i} \quad (4-42)$$

根据矩母函数特性，可得

$$E(e^{tN_i}) = E[E(e^{tN_i} \mid N_s)] = E\left\{ \left[1 - \frac{p_i(W_B, U_B)}{F_s(W_B, U_B)} + \frac{p_i(W_B, U_B)}{F_s(W_B, U_B)} e^t \right]^{N_s} \right\}$$

$$= \sum_{n=0}^{\infty} \left[1 - \frac{p_i(W_B, U_B)}{F_s(W_B, U_B)} + \frac{p_i(W_B, U_B)}{F_s(W_B, U_B)} e^t \right]^n \times$$

$$\left[F_s(W_B, U_B) \right]^{n_s} \left[1 - F_s(W_B, U_B) \right]$$

$$= \frac{\dfrac{1 - F_s(W_B, U_B)}{1 - F_s(W_B, U_B) + p_i(W_B, U_B)}}{1 - \dfrac{p_i(W_B, U_B)}{1 - F_s(W_B, U_B) + p_i(W_B, U_B)} e^t} \quad (4-43)$$

显然 N_i 服从几何分布，即

$$p(N_i = n_i) = \left[\frac{p_i(W_B, U_B)}{1 - F_s(W_B, U_B) + p_i(W_B, U_B)} \right]^{n_i} \frac{1 - F_s(W_B, U_B)}{1 - F_s(W_B, U_B) + p_i(W_B, U_B)}$$

$$(4-44)$$

因此，

$$E(N_i) = \frac{p_i(W_B, U_B)}{1 - F_s(W_B, U_B)} \quad (4-45)$$

2. 并联结构

并联系统有 q 个单元，则

$$F_s(t, u) = \prod_{i=1}^{q} F_i(t, u) \quad (4-46)$$

C_i 表示第 i 个单元的维修费用，N_i 为保修周期内第 i 个单元的总故障次数。根据并联系统故障特性，有 $N_s = N_i (i \in \omega)$。根据并联系统性质，可得系统更新保修期望费用为

$$E(C) = \sum_{i=1}^{q} \left(C_m + \sum_{i=1}^{q} C_i \right) \frac{F_s(W_B, U_B)}{1 - F_s(W_B, U_B)} \qquad (4-47)$$

3. 混联结构

混联系统的构成较为复杂，本节以串并联系统和并串联系统为例进行建模研究。串并联系统可靠性框图如图 4-9 所示。串并联系统共有 q 个分系统串联，第 $i(i=1,2,\cdots,q)$ 个分系统里有 r_i 个单元并联。$F_{ij}(t,u)$ 为第 i 个分系统里第 j 个单元的累积故障分布函数。

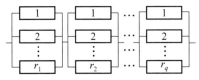

图 4-9　串并联系统可靠性框图

根据串并联系统故障特性有

$$F_s(t,u) = 1 - \prod_{i=1}^{q} \left[1 - \prod_{j=1}^{r_i} F_{ij}(t,u) \right] \qquad (4-48)$$

$$F_i(t,u) = \prod_{j=1}^{r_i} F_{ij}(t,u), h_i(t,u) = \prod_{j=1}^{r_i} h_{ij}(t,u) \qquad (4-49)$$

定义 $p_i(W_B, U_B)$ 为第 i 个分系统故障导致系统故障的概率，则

$$p_i(W_B, U_B) = \int_0^{U_B} \int_0^{W_B} h_i(t,u) \prod_{i=1}^{q} \left[1 - F_s(t,u) \right] \mathrm{d}t \mathrm{d}u \qquad (4-50)$$

N_i 为第 i 个分系统在更新保修周期内的故障次数，类似式 (4-45)，可得

$$E(N_i) = \frac{p_i(W_B, U_B)}{1 - F_s(W_B, U_B)} \qquad (4-51)$$

可得系统更新保修期望费用为

$$E(C) = \sum_{i=1}^{q} \left(C_m + \sum_{i=1}^{r_i} C_{ij} \right) E(N_i) \qquad (4-52)$$

其中，C_{ij} 为第 i 个分系统里第 j 个单元的维修费用。并串联系统可靠性框图如图 4-10 所示。并串联系统共有 q 个分系统并联，第 $i(i=1,2,\cdots,q)$ 个分系统里有 r_i 个单元串联。$F_{ij}(t,u)$ 为第 i 个分系统里第 j 个单元的累积故障分布函数。N_i 为第 i 个分系统在更新保修周期内的故障次数，N_{ij} 为第 i 个分系统第 j 个单元在更新保修周期内的故障次数，C_{ij} 为第 i 个分系统里第 j 个单元的维修费用。

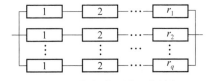

图 4-10　并串联系统可靠性框图

根据并串联系统故障特性有

$$F_s(t,u) = \prod_{i=1}^{q} \left\{ 1 - \prod_{j=1}^{r_i} \left[1 - F_{ij}(t,u) \right] \right\}, F_i(t,u) = 1 - \prod_{j=1}^{r_i} \left[1 - F_{ij}(t,u) \right]$$

$$(4-53)$$

$$\sum_{j=1}^{r_i} N_{ij} = N_i = N_s (j \in \{1,2,\cdots q\}) \qquad (4-54)$$

并串联系统更新保修期望费用为

$$E(C) = \sum_{i=1}^{q} \sum_{j=1}^{r_i} \left(C_{ij} + \frac{C_m}{q} \right) E(N_{ij}) \qquad (4-55)$$

令 $p_{ij}(W_B, U_B)$ 表示保修期内第 i 个分系统里第 j 个单元故障导致系统故障，可得 $p_{ij}(W_B, U_B)$ 的表达式为

$$
\begin{aligned}
p_{ij}(W_B, U_B) &= p\left[(T_{ij}, U_{ij}) \in \Omega, (T_{il}, U_{il}) \notin \Omega, (T_{\bar{i}k}, U_{\bar{i}k}) \in \Omega, \right] \\
&= p\left[(T_{ij}, U_{ij}) \in \Omega, (T_{\bar{i}k}, U_{\bar{i}k}) \notin \Omega \right] F_s^{\bar{i}}(W_B, U_B) \\
&= F_s^{\bar{i}}(W_B, U_B) \int_0^{\infty} \int_0^{\infty} p\left[(T_{\bar{i}k}, U_{\bar{i}k}) \notin \Omega \right] f_{ij}(t,u) \mathrm{d}t \mathrm{d}u \\
&= F_s^{\bar{i}}(W_B, U_B) \int_0^{U_B} \int_0^{W_B} h_{ij}(t,u) \prod_{j=1}^{r_i} (1 - F_{ij}(t,u)) \mathrm{d}t \mathrm{d}u \quad (4-56)
\end{aligned}
$$

其中，$\bar{i} \in \omega$，$\bar{i} \neq i$，$l \in (1,2,\cdots,r_i)$，$l \neq j$，$k \in (1,2,\cdots,r_{\bar{i}})$，$F_s^{\bar{i}}(W_B, U_B) = \dfrac{F_s(W_B, U_B)}{F_i(W_B, U_B)}$。

进而，我们可以得到

$$
\begin{aligned}
p(N_{ij} = n_{ij}) &= \sum_{n_i = n_{ij}}^{\infty} p(N_{ij} = n_{ij} \mid N_i = n_i) p(N_i = n_i) \times \\
&= \sum_{n_s = n_i}^{\infty} \left(\frac{p_{ij}(W_B, U_B)}{F_i(W_B, U_B)} \right)^{n_i} \left(1 - \frac{p_{ij}(W_B, U_B)}{F_i(W_B, U_B)} \right)^{n_s - n_i} \\
&\quad \left[F_s(W_B, U_B) \right]^{n_s} \left[1 - F_s(W_B, U_B) \right] \\
&= \left[\frac{p_{ij}(W_B, U_B)}{1 - F_s(W_B, U_B) + p_{ij}(W_B, U_B)} \right]^{n_i} \times \\
&\quad \frac{1 - F_s(W_B, U_B)}{1 - F_s(W_B, U_B) + p_{ij}(W_B, U_B)} \qquad (4-57)
\end{aligned}
$$

因此，

$$E(N_{ij} = n_{ij}) = \frac{p_{ij}(W_B, U_B)}{1 - F_s(W_B, U_B)} \qquad (4-58)$$

4.2.3　案例分析

本案例以并串联系统为例进行分析，系统共由 3 个单元组成，其可靠性框图如图 4 – 11 所示。

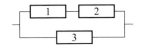

图 4 – 11　某并串联系统可靠性框图

3 个单元的故障分布函数为非对称 Copula 函数，$F_{i1}(t)$ 和 $F_{i2}(u)$ 为威布尔分布，如下所示。$C_m = 200$，$C_{11} = 120$，$C_{12} = 160$，$C_{21} = 180$。相关参数如表 4 – 4 所示。

$$F_i(t,u) = p_{i0} \left\{ F_{i1}(t) + F_{i2}(u) - 1 + \right.$$
$$\exp\left[-\left(\left\{ -\ln[1-F_{i1}(t)] \right\}^{\theta_{i1}} + \left\{ -\ln[1-F_{i2}(u)] \right\}^{\theta_{i1}} \right)^{\frac{1}{\theta_{i1}}} \right] \right\} +$$
$$p_{i1} \left\{ F_{i1}(t) - \exp\left[-\left(\left\{ -\ln[F_{i1}(t)] \right\}^{\theta_{i2}} + \right. \right. \right.$$
$$\left. \left. \left. \left\{ -\ln[1-F_{i2}(u)] \right\}^{\theta_{i2}} \right)^{\frac{1}{\theta_{i2}}} \right] \right\} (i=1,2,3) \tag{4-59}$$

$$F_{i1}(t) = 1 - \exp\left\{ -\left(\frac{t}{\beta_{i1}} \right)^{\alpha_{i1}} \right\} \tag{4-60}$$

$$F_{i2}(u) = 1 - \exp\left\{ -\left(\frac{u}{\beta_{i2}} \right)^{\alpha_{i2}} \right\} \tag{4-61}$$

表 4 – 4　3 个单元的故障分布函数相关参数

参数	取值	参数	取值	参数	取值
p_{10}	0.9	p_{20}	0.75	p_{30}	0.8
p_{11}	0.1	p_{21}	0.25	p_{31}	0.2
α_{11}	0.78	α_{21}	0.73	α_{31}	0.81
β_{11}	27	β_{21}	33.38	β_{31}	25.01
α_{12}	0.77	α_{22}	0.65	α_{32}	0.71
β_{12}	24 496.98	β_{22}	37 332.16	β_{32}	24 965.02
θ_{11}	3.76	θ_{21}	4.62	θ_{31}	3.01
θ_{12}	0.48	θ_{22}	1.86	θ_{32}	0.26

根据模型计算结果可得并串联系统二维更新保修服务费用如图 4 – 12 所示。随着保修服务期的增加，保修服务费用增加。当保修期时间期限一定时，

虽然费用随着使用度界限的增大而增大，但到达一定值后保修费用的增加趋势趋于平缓，而当保修期使用度界限一定时，保修费用随时间的增加不断增大。这说明系统在较低使用率的情况下更易发生故障。

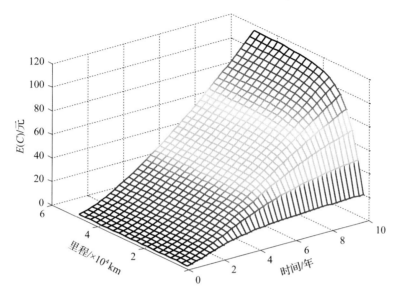

图 4 - 12　并串联系统二维更新保修服务费用

4.3　本章小结

本章在深入分析多部件结构相关性的基础上，说明了结构相关多部件一维、二维更新保修服务决策模型的构建方法。以串联系统、并联系统、混连系统以及冷储备系统作为研究对象，讨论了相应的保修费用模型，用以辅助进行保修决策。通过案例分析，分析了不同保修期条件下保修费用的变化趋势，为科学地制订保修决策提供合理的依据。

第5章

经济相关多部件系统保修决策建模研究

在保修期内考虑多部件经济相关性就是对产品部件的维修工作进行组合后，系统的保修费用高于或低于分别保修费用之和。经济相关性可分为正经济相关、负经济相关和正负经济综合相关3类。正经济相关是指多个部件组合后的保修费用低于分别进行保修费用之和，而负经济相关则是指多个部件组合后的保修费用高于分别进行保修费用之和。有时，在对多个部件进行组合维修时，有可能既包含正经济相关也包括负经济相关，需要综合权衡对多部件组合维修产生的经济效益和对产品造成潜在故障风险。一般情况下，对多部件产品进行组合保修是会节省费用的。目前，相关文献中组合维修减少保修服务费用的情况有两种：一是对不同部件同时开展维修只需一次准备费用，而且可以减少停机损失；二是当某部件发生故障时，可对其他部件进行预防性维修，减少期望停机次数和损失。本章主要考虑第一种情况，提出考虑一维功能检测的多部件系统非更新保修决策模型和考虑二维定期更换的多部件系统非更新保修服务决策模型。

5.1 考虑一维功能检测的多部件系统非更新保修服务决策模型

5.1.1 模型假设

多部件系统包括 L 个部件，在一维保修服务期内对这些部件采取一维功能检测维修策略[149]。由于修复性维修具有随机性不易控制，因此在一维保修期内对其功能检测维修进行优化组合，组合方式如图 5 - 1。假设 L 个部件相互独立，每个部件仅有一个故障模式，每个故障模式仅有一个故障原因，即每个部件具有一项独立维修工作。预防性维修之间单元发生故障，则对单元修复如新。对于在保修期内的优化组合方法步骤如下：

①针对单个部件建立保修费用模型，优化部件的功能检测间隔期 T_i 得到最优的间隔期 T_i^*；

②根据多个部件得出的功能检测间隔期的差异程度，采用优化组合策略下，则设 T_s 为多部件产品的的基本维修周期，将各部件的功能检测间隔期 T_{si} 调整为其整数倍，即 $T_{si} = \lfloor T_i^* / T_s \rfloor \cdot T_s$ 或 $(\lfloor T_i^* / T_s \rfloor + 1) \cdot T_s$。

③建立多部件系统下组合功能检测策略下的费用优化模型，优化产品的维修间隔期 T_s，得到最优的间隔期 T_s^*。

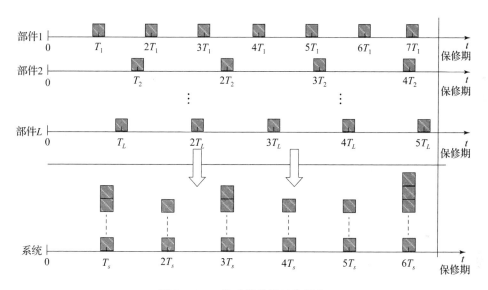

图 5 - 1　一维功能检测工作组合

功能检测为完善检测，单元维修后修复如新。第 i 个单元初始时间的概率密度函数和累积分布函数分别为 $g_i(u)$ 和 $G_i(u)$。H_i 为第 i 个单元潜在故障退化到功能故障的时间（延迟时间），概率密度函数和累积分布函数分别为 $f_i(h)$ 和 $F_i(h)$。C_i 表示第 i 个单元的功能检测费用，C_{pi} 表示第 i 个单元的预防性费用，C_{fi} 表示第 i 个单元的修复性维修费用。D_i 表示第 i 个单元功能检测的准备费用和导致的系统停机损失，D_{sj} 为第 $j(j = 1, 2, \cdots, N_s)$ 组功能检测工作组合的准备费用和导致的系统损失。

$CB_i(T_i, w)$ 表示第 i 个单元功能检测周期为 T_i 时，保修服务期内的期望维修费用。$CB_s(T_s, w)$ 表示产品以周期 T_s 进行组合维修时，保修服务期内的期望维修费用。T_i^* 表示第 i 个单元单独进行功能检测时的最优检测周期，T_s^* 表示产品在组合维修时得出的系统最优检测周期。由于维修时间远小于保修期，所以忽略维修时间。

5.1.2 模型构建

在保修期 w 内，第 i 个单元进行功能检测的次数为 $N_i = \lfloor w/T_i \rfloor$。除了 C_i 外，第 i 个单元在保修期 w 内的维修费用 $CB_i(T_i)$ 有 4 种情况。

情况 1：在保修期 w 内，第 i 个单元既没有发生功能故障，也没有发生潜在故障，则维修费用为 $N_i C_i$。发生这种情况有两种可能：

A：在保修期 w 内没有发生潜在故障，即 $U_i \geqslant w$，其概率为

$$P_1(A) = 1 - G_i(w) = 1 - \int_0^w g_i(u)\,\mathrm{d}u \tag{5-1}$$

B：在 $(N_i T_i, w)$ 之间发生了潜在故障，但在 $(w-u)$ 时间内没有发生功能故障，即 $w - N_i T_i < U_i < w$ 且 $U_i + H_i > w$，其概率为

$$P_1(B) = \int_{N_i T_i}^w g_i(u)[1 - F_i(w-u)]\,\mathrm{d}u \tag{5-2}$$

情况 2：第 i 个单元在第 k 次功能检测时，因潜在故障进行更换维修发生的维修费用为 $kC_i + C_{pi} + CB_i(T_i, w - kT_i)$。发生这种情况的原因是在 $(k-1)T_i < u < kT_i$ 之间某个时刻 u 发生了潜在故障，并在第 k 次检测时发现潜在故障，其概率为

$$p_2 = \int_{(k-1)T_i}^{kT_i} g_i(u)[1 - F_i(kT_i - u)]\,\mathrm{d}u \tag{5-3}$$

情况 3：第 i 个单元在第 $(j-1)$ 次检测和第 j 次检测之间某个时刻 x 发生功能故障，此时的维修费用为 $(j-1)C_i + C_{fi} + CB_i(T_i, w - x)$。发生这种情况的原因是潜在故障发生时间和功能故障发生时间之和为 $x - (j-1)T_i$，则发生该情况的概率为

$$p_3 = \int_{(j-1)T_i}^{jT_i} \int_{(j-1)T_i}^x g_i(u)f_i(x-u)\,\mathrm{d}u\mathrm{d}x \tag{5-4}$$

情况 4：第 i 个单元在 $(N_i T_i, w]$ 之间某个时刻 x 发生功能故障，此时的维修费用为 $jC_i + C_{fi} + CB_i(T_i, w - x)$。发生这种情况的原因是潜在故障发生时间和功能故障发生时间之和为 $x - N_i T_i$，则发生该情况的概率为

$$p_4 = \int_{N_i T_i}^w \int_{N_i T_i}^x g_i(u)f_i(x-u)\,\mathrm{d}u\mathrm{d}x \tag{5-5}$$

综上可知，第 i 个单元在保修期 w 内的期望维修费用为

$$CB_i(T_i,w) = N_iC_i \left\{ 1 - \int_0^w g_i(u)\,\mathrm{d}u + \int_{w-N_iT_i}^w g_i(u)\left[1 - F_i(w-u)\right]\mathrm{d}u \right\} +$$

$$\sum_{k=1}^{N_i} \left(\left[kC_i + C_{pi} + CB_i(T_i,w-kT_i)\right] \int_{(k-1)T_i}^{kT_i} g_i(u)\left[1 - F_i(kT_i-u)\right]\mathrm{d}u \right) +$$

$$\sum_{j=1}^{N_i} \left[\int_{(j-1)T_i}^{jT_i} \left(\left[(j-1)C_i + C_{fi} + CB_i(T_i,w-x)\right] \int_{(j-1)T_i}^x g_i(u)f_i(x-u)\mathrm{d}u \right)\mathrm{d}x \right] +$$

$$\int_{N_iT_i}^w \left[N_iC_i + C_{fi} + CB_i(T_i,w-x) \right] \int_{N_iT_i}^x g_i(u)f_i(x-u)\,\mathrm{d}u\,\mathrm{d}x + N_iD_i$$

$$(5-6)$$

通过上述公式，可以得到单元最优功能检测周期为 T_i^*。若在不进行组合维修时，仅按照单元各自最优功能检测周期进行维修，则产品运行期内的期望保修费用为

$$CB_{s0}(w) = \sum_{i=1}^L CB_i(T_i^*,w) \qquad (5-7)$$

在优化组合维修策略下，系统进行组合检测的次数为 $N_s = \lfloor w/T_s \rfloor$，第 i 个单元进行检测的次数 $N_{si} = \lfloor w/T_{si} \rfloor$。系统的期望维修费用为

$$CB_s(T_s,w) = \sum_{i=1}^L \left[CB_i(T_{si},w) - N_{si}D_i \right] + \sum_{j=1}^{N_s} D_{sj} \qquad (5-8)$$

通过优化 $CB_s(T_s,w)$ 可得到最优的系统功能检测间隔期 T_s^*。

5.1.3　案例分析

假设某产品保修期为 300，包含 4 个单元。这些单元的初始时间和延迟时间均服从威布尔分布[150]，即：

$$g_i(u) = \alpha_i/\beta_i \, (u/\beta_i)^{\alpha_i-1}\exp\left[-(u/\beta_i)^{\alpha_i} \right]$$

$$f_i(h) = m_i/\eta_i \, (h/\eta_i)^{m_i-1}\exp\left[-(h/\eta_i)^{m_i} \right]$$

各单元的修复性维修费用 C_{fi}、预防性维修费用 C_{pi}、功能检测费用 C_i、故障初始时间和延迟时间中的参数值分布如表 5 – 1 所示。为简化计算，假设各功能检测的准备活动和停机损失为 50 元。

利用 Matlab 分别对功能检测进行组合前后的维修间隔期和维修费用进行优化。组合前各单元的功能检测周期优化结果如图 5 – 2 所示，组合后系统的功能检测优化结果如图 5 – 3 所示。

由图 5 – 2 可知，单元 1 ~ 单元 4 的最优功能检测周期分别为 28 天、19 天、19 天和 22 天。根据 5.1.1 中的优化组合方法，假设多部件系统的基本维修周期为 T_s，那么各单元的最优功能检测周期调整为 $\lfloor 28/T_s \rfloor \cdot T_s$ 或 $((\lfloor 28/$

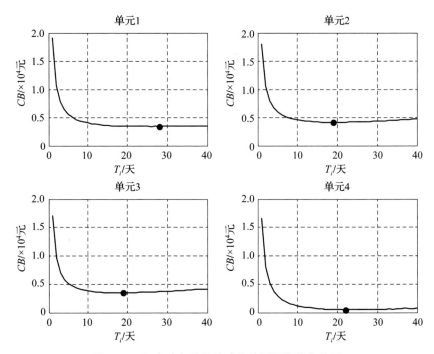

图 5 - 2　组合前各单元的功能检测周期优化结果

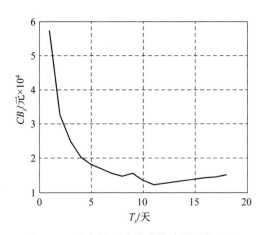

图 5 - 3　组合后系统的功能检测优化结果

$T_s\rfloor+1)\cdot T_s)\,\lfloor19/T_s\rfloor\cdot T_s$ 或$((\lfloor19/T_s\rfloor+1)\cdot T_s)\,\lfloor19/T_s\rfloor\cdot T_s$ 或$((\lfloor19/T_s\rfloor+1)\cdot T_s)\,\lfloor22/T_s\rfloor\cdot T_s$ 或$((\lfloor22/T_s\rfloor+1)\cdot T_s)$，将调整后各部件的功能检测周期带入 5.1.2 中，得到组合后的功能检测次数为 13 次，期望维修费用为 15 377 元。期望维修费用随基本维修周期 T_s 的变化情况如图 5 - 3 所示。

各部件维修费用及寿命分布参数如表 5 - 1 所示。

表 5-1　各部件维修费用及寿命分布参数

费用寿命参数	单元 1	单元 2	单元 3	单元 4
C_{fi}/元	2 000	3 000	2 000	5 000
C_{pi}/元	500	1 000	400	1 000
C_i/元	50	100	60	40
α_i	1	2	1.5	1
β_i	100	45	60	120
m_i	1	2	1.5	2
η_i	50	45	36	60

由表 5-1 可得出，产品功能检测组合的间隔期为 11，产品期望保修费用 C_s 为 1.537 7×10⁴。若根据单个单部件的维修间隔期优化结果进行维修，则系统期望保修费用为 1.654 4×10⁴。组合前后检测间隔期及保修费用如表 5-2 所示。可以看出，保修费用相比原来减少了 7.59%。

表 5-2　功能检测工作组合前后功能检测间隔期及保修费用

间隔期及费用	组合前				组合后
	1	2	3	4	
检测间隔期	28	19	19	22	11
检测次数	10	15	15	13	13
期望维修费用/×10³ 元	3.443	4.144	3.470	5.486	15.377

5.2　考虑二维定期更换的多部件系统非更新保修服务决策模型

5.2.1　模型假设

本小节进一步建立经济相关多部件系统考虑二维定期更换的非更新保修服务决策模型。多部件系统包括 L 个部件，在一维保修服务期内对这些部件采取二维定期更换维修策略。由于修复性维修具有随机性不易控制，因此在一维保修期内对其二维定期更换维修工作进行优化组合，组合方式如图 5-4 所示。

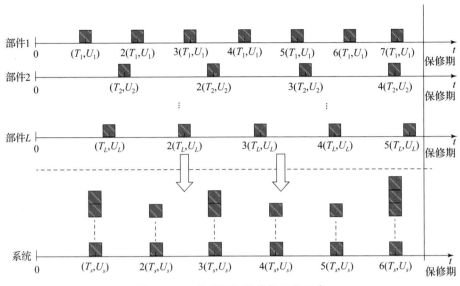

图 5 - 4 二维定期更换维修工作组合

假设 L 个部件相互独立，针对每个部件，仅有一个故障模式，一个故障原因和一项独立维修工作[151]。预防性维修之间若单元发生故障，则对单元修复如新。对于在保修期内的优化组合方法步骤如下：

①针对单个部件建立保修费用模型，优化部件的维修间隔期 (T_i, U_i) 得到最优的间隔期 (T_i^*, U_i^*)。

②根据多个部件得出的维修间隔期的差异程度，在采用优化组合策略下，设 (T_s, U_s) 为多部件系统的基本维修周期，将各部件的维修间隔 (T_{si}, U_{si}) 调整为其整数倍，即 $T_{si} = \lfloor T_i^*/T_S \rfloor \cdot T_S$ 或 $(\lfloor T_i^*/T_S \rfloor + 1) \cdot T_S$，$U_{si} = \lfloor U_i^*/U_S \rfloor \cdot U_S$ 或 $(\lfloor U_i^*/U_S \rfloor + 1) \cdot U_S$。

③建立多部件系统组合维修策略下的费用优化模型，优化产品的维修间隔期 (T_s, U_s)，得到最优的间隔期 (T_s^*, U_s^*)。

其中，第 i 个单元的定期更换周期为 (T_i, U_i)，多部件产品的定期更换周期为 (T_s, U_s)，保修服务为一维非更新免费保修策略，保修期为 w。T 与 U 分别表示单个部件的日历时间和使用程度，两者存在线形关系，即 $U = rT$。r 为使用率，不同的使用人员对单元的使用率不同，但同一使用人员的使用率是恒定不变的。$G(r)$ 和 $g(r)$ 为使用率 r 的分布函数与概率密度函数，r_l 和 r_u 分别表示产品的最低使用率与最高使用率，$r_i = U_i/T_i$。

由于维修时间远小于保修期，所以忽略维修时间。同一使用人员对多部件系统中各个部件的使用率是一样的。C_{pi} 为第 i 个单元的定期更换费用，C_{fi}

为第 i 个单元的修复性维修费用，D_{pi} 为第 i 个单元定期更换工作造成的损失费用，D_{sr} 为产品组合维修的准备费用。$CR_i(T_i, U_i)$ 表示第 i 个单元以周期 (T_i, U_i) 进行维修时，在保修期内的期望维修费用。$CR_s(T_s, U_s)$ 表示系统以周期 (T_s, U_s) 进行组合维修时，在保修期内的多部件系统的期望维修费用。T_i^* 表示根据单部件模型得出的第 i 个单元的费用最优维修周期，T_s^* 为组合维修时得出的产品费用最优维修周期，$\lambda_i(t \mid r)$ 表示第 i 个单元在使用率 r 时的故障率函数，$F_i(t \mid r)$ 表示第 i 个单元在使用率 r 时的累积故障分布函数，且

$$\lambda_i(t \mid r) = \theta_{i0} + \theta_{i1}r + \theta_{i2}t^2 + \theta_{i3}rt^2 \tag{5-9}$$

$$F_i(t \mid r) = 1 - \exp\left[-\int_0^t \lambda_i(x \mid r)\,\mathrm{d}x\right] \tag{5-10}$$

5.2.2　模型构建

在保修期 w 内，第 i 个单元的定期更换次数有两种取值，即

$$N_i = \begin{cases} \lfloor w/T_i \rfloor & r \leqslant r_i \\ \lfloor wr/U_i \rfloor & r > r_i \end{cases} \tag{5-11}$$

当 $r \leqslant r_i$ 时，若第 i 个单元的保修期 $w < T_i$，则只进行故障修复，此时的期望维修费用 $CR_{i1}(T_i, U_i \mid r)$ 为

$$CR_{i1}(T_i, U_i \mid r) = C_{fi} \cdot EN_{bi}(w) \tag{5-12}$$

其中，$EN_{bi}(w)$ 表示当修复性维修为完善维修时，w 时间内的平均故障次数，$EN_{bi}(w) = \int_0^w [1 + EN_{bi}(w-t)]\,\mathrm{d}F_i(t \mid r)$。

当 $w \geqslant T_i$ 时，其维修费用可表示为

$$CR_{i1}(T_i, U_i \mid r) = N_i\left[C_{fi}\int_0^{T_i}[1 + EN_{bi}(T_i - t)]\,\mathrm{d}F_i(t \mid r) + C_{pi} + D_{pi}\right] +$$

$$C_{fi}\int_0^{w-N_iT_i}[1 + EN_{bi}(w - N_iT_i - t)]\,\mathrm{d}F_i(t \mid r) \tag{5-13}$$

当 $r > r_i$ 时，若第 i 个单元的保修期 $wr < U_i$，则只进行故障修复，此时的期望维修费用 $CR_{i2}(T_i, U_i \mid r)$ 为

$$CR_{i2}(T_i, U_i \mid r) = C_{fi} \cdot EN_{bi}(w) \tag{5-14}$$

其中，$EN_{bi}(w) = \int_0^w [1 + EN_{bi}(w-t)]\,\mathrm{d}F_i(t \mid r)$。

当 $wr \geqslant U_i$ 时，其维修费用可表示为

$$CR_{i2}(T_i, U_i \mid r) = N_i \left[C_{fi} \int_0^{U_i/r} \left[1 + EN_{bi}(U_i/r - t) \right] \mathrm{d}F_i(t \mid r) + C_{pi} + D_{pi} \right] +$$

$$C_{fi} \int_0^{w - N_i U_i/r} \left[1 + EN_{bi}(w - N_i U_i/r - t) \right] \mathrm{d}F_i(t \mid r)$$

$$(5-15)$$

综合可得，单元的保修服务费用为

$$CR_i(T_i, U_i) = \begin{cases} \int_{r_l}^{r_u} CR_{i2}(T_i, U_i \mid r) g(r) \mathrm{d}r & (r_i \leqslant r_l) \\ \int_{r_l}^{r_i} CR_{i1}(T_i, U_i \mid r) g(r) \mathrm{d}r + \int_{r_i}^{r_u} CR_{i2}(T_i, U_i \mid r) g(r) \mathrm{d}r & (r_l < r_i \leqslant r_u) \\ \int_{r_l}^{r_u} CR_{i1}(T_i, U_i \mid r) g(r) \mathrm{d}r & (r_i \geqslant r_u) \end{cases}$$

$$(5-16)$$

通过上述公式，可以得到单元最优定期更换周期为 (T_i^*, U_i^*)。当在不进行组合维修时，仅按照单元各自最优定期更换周期进行维修，则产品运行期内的期望保修服务费用为

$$CR_{s0}(w) = \sum_{i=1}^{L} CR_i(T_i^*, U_i^*) \qquad (5-17)$$

对多部件系统的维修工作进行组合，则产品的保修费用包括各单元的预防性更换、修复性维修、系统组合更换的停机损失费用。D_{srj} 为第 $j(j = 1, 2, \cdots, N_s)$ 组组合维修工作的准备费用和导致的系统损失。保修期内系统进行组合更换的次数 N_s 和单元 i 进行更换的次数 N_{si} 可表达为

$$N_s = \begin{cases} \lfloor w/T_s \rfloor & (r \leqslant r_i) \\ \lfloor wr/U_s \rfloor & (r > r_i) \end{cases} \qquad (5-18)$$

$$N_{si} = \begin{cases} \lfloor w/T_{si} \rfloor & (r \leqslant r_i) \\ \lfloor wr/U_{si} \rfloor & (r > r_i) \end{cases} \qquad (5-19)$$

当 $r \leqslant r_i$ 时，若第 i 个单元的保修期 $w < T_{si}$，则只进行故障修复，此时的期望维修费用 $CR_{s1}(T_s, U_s \mid r)$ 为

$$CR_{s1}(T_s, U_s \mid r) = \sum_{i=1}^{L} C_{fi} \cdot EN_{bi}(w) \qquad (5-20)$$

其中，$EN_{bi}(w) = \int_0^w \left[1 + EN_{bi}(w - t) \right] \mathrm{d}F_i(t \mid r)$。

当 $w \geqslant T_{si}$ 时，其维修费用可表示为

$$CR_{s1}(T_i,U_i\,|\,r) = \sum_{i=1}^{L} N_{si} \left[C_{fi} \int_0^{T_{si}} \left[1 + EN_{bi}(T_{si} - t) \right] \mathrm{d}F_i(t\,|\,r) + C_{pi} \right] +$$

$$\sum_{j=1}^{N_S} D_{srj} + \sum_{i=1}^{L} C_{fi} \int_0^{w - N_{si} \cdot T_{si}} \left[1 + EN_{bi}(w - N_{si} \cdot T_{si} - t) \right] \mathrm{d}F_i(t\,|\,r)$$

$$(5-21)$$

当 $w < T_s$ 时，则该单元仅进行修复性维修，维修费用为

$$CR_i(T_s,U_s\,|\,r) = \sum_{i=1}^{L} C_{fi} \cdot EN_{bi}(w) \qquad (5-22)$$

其中，$EN_{bi}(w) = \int_0^w \left[1 + EN_{bi}(w - t) \right] \mathrm{d}F_i(t\,|\,r)$。

综合可得，$r \leqslant r_i$ 时单元的保修服务费用为

$$CR_s(T_s,U_s) = \begin{cases} \int_{r_l}^{r_u} CR_{s2}(T_i,U_i\,|\,r)g(r)\mathrm{d}r & (r_i \leqslant r_l) \\[2mm] \int_{r_l}^{r_i} CR_{s1}(T_i,U_i\,|\,r)g(r)\mathrm{d}r + \int_{r_i}^{r_u} CR_{s2}(T_i,U_i\,|\,r)g(r)\mathrm{d}r & (r_l < r_i \leqslant r_u) \\[2mm] \int_{r_l}^{r_u} CR_{s1}(T_i,U_i\,|\,r)g(r)\mathrm{d}r & (r_i \geqslant r_u) \end{cases}$$

$$(5-23)$$

当 $r > r_i$ 时，若第 i 个单元的保修期 $wr < U_{si}$，则只进行故障修复，此时的期望维修费用 $CR_{s2}(T_s,U_s\,|\,r)$ 为

$$CR_{s2}(T_s,U_s\,|\,r) = \sum_{i=1}^{L} C_{fi} \cdot EN_{bi}(w) \qquad (5-24)$$

其中，$EN_{bi}(w) = \int_0^w \left[1 + EN_{bi}(w - t) \right] \mathrm{d}F_i(t\,|\,r)$

当 $wr \geqslant U_{si}$ 时，其维修费用可表示为

$$CR_{s2}(T_s,U_s\,|\,r) = \sum_{i=1}^{L} N_{si} \left[C_{fi} \int_0^{U_{si}/r} \left[1 + EN_{bi}(U_{si}/r - t) \right] \mathrm{d}F_i(t\,|\,r) + C_{pi} \right] +$$

$$\sum_{j=1}^{N_S} D_{Srj} + \sum_{i=1}^{L} C_{fi} \int_0^{w - N_{si}U_{si}/r} \left[1 + EN_{bi}(w - N_{si}U_{si}/r - t) \right] \mathrm{d}F_i(t\,|\,r)$$

$$(5-25)$$

当 $w < U_s$ 时，则该单元仅进行修复性维修，维修费用为

$$CR_i(T_s,U_s\,|\,r) = \sum_{i=1}^{L} C_{fi} \cdot EN_{bi}(w) \qquad (5-26)$$

其中，$EN_{bi}(w) = \int_0^w \left[1 + EN_{bi}(w - t) \right] \mathrm{d}F_i(t\,|\,r)$。

综合可得，产品的保修服务费用为

$$CR_s(T_s, U_s) = \begin{cases} \int_{r_l}^{r_u} CR_{s2}(T_s, U_s \mid r) g(r) \mathrm{d}r & (r_i \leqslant r_l) \\ \int_{r_l}^{r_i} CR_{s1}(T_s, U_s \mid r) g(r) \mathrm{d}r + \int_{r_i}^{r_u} CR_{s2}(T_s, U_s \mid r) g(r) \mathrm{d}r & (r_l < r_i \leqslant r_u) \\ \int_{r_l}^{r_u} CR_{s1}(T_s, U_s \mid r) g(r) \mathrm{d}r & (r_i \geqslant r_u) \end{cases}$$

$$(5 - 27)$$

通过优化 $CR_s(T_s, U_s)$ 可得到最优的产品定期更换间隔期 (T_s^*, U_s^*)。

5.2.3 案例分析

本书通过案例对模型求解和应用进行分析。假设某系统有 3 个单元，对每个单元进行定期更换工作。为简化计算，这里假设维修工作组合前后的准备费用及导致系统停机损失之和均为 200 元。故障函数表达式形式为 $\lambda_i(t \mid r) = \theta_{i0} + \theta_{i1}r + \theta_{i2}t^2 + \theta_{i3}rt^2$，假设该系统的使用率服从威布尔分布，其中尺度参数为 2，形状参数为 2.5。最高使用率 r_u 为 3.05，最低使用率 r_l 为 0.05，保修期为 720 天，其他参数具体设置如表 5 - 3 所示。

表 5 - 3　参数设置

参数	设定值
C_{p1}，C_{p2}，C_{p3}/元	500，600，800
C_{f1}，C_{f2}，C_{f3}/元	1 000，600，700
θ_{i0}	0.1，0.12，0.08
θ_{i1}	0.06，0.05，0.06
θ_{i2}	0.03，0.05，0.04
θ_{i3}	0.1，0.12，0.08

首先根据单部件最优二维定期更换模型，如图 5 - 5 所示。单个单元最优的二维定期更换间隔期为 (270, 9)，(360, 9) 和 (450, 13)，各自的最优保修费用为 $1.743\ 4 \times 10^4$ 元，$1.228\ 9 \times 10^4$ 元，$1.231\ 5 \times 10^4$ 元，如图 5 - 5 所示。

若不进行组合维修工作，系统的保修服务费用 $CR_{s0}(w)$ 为 $4.203\ 8 \times 10^4$ 元。按照第 5 章 5.2 节中定期更换工作组合维修方法对 3 个单元进行维修工作

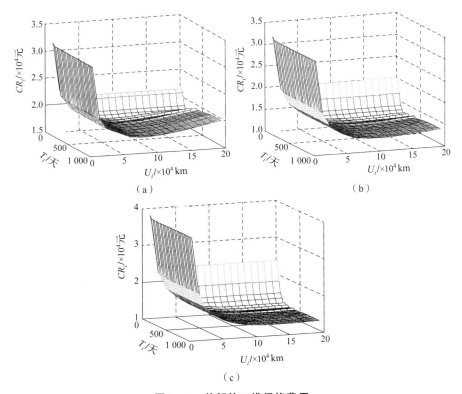

图 5 - 5　单部件二维保修费用

（a）单元 1；（b）单元 2；（c）单元 3

组合，系统的保修服务费用 $CR_s(T_s, U_s)$ 如图 5 - 6 所示，最优的系统二维更换间隔期为 $(T_s, U_s) = (330, 9)$，最优保修费用为 $4.128\ 9 \times 10^4$ 元。可见，由于对二维定期更换工作进行了优化工作组合，组合后的维修费用相比组合前的减少了 1.78%。

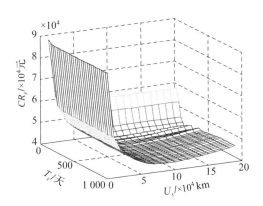

图 5 - 6　维修工作组合后系统保修费用

5.3　本章小结

本章将具有经济相关的多部件系统作为保修对象，讨论了考虑一维功能检测的多部件系统非更新保修服务决策模型和考虑二维定期更换的多部件系统非更新保修服务决策模型。以保修费用最低为决策目标，通过对不同保修部件进行预防性维修工作优化组合，作出相应的保修决策。结合示例，对经济相关的多部件系统提出了保修决策方案，并进行了验证分析。

第6章

关键部件联合预防性二维保修决策模型

在新型复杂产品中，存在有很多结构组成复杂、技术含量高的二维保修关键部件。二维保修关键部件通常维修费用昂贵、对可用度要求高，对这类部件进行预防性维修更是十分必要的。联合预防性保修是指由部队建制维修力量和承制单位共同作为维修主体，对保修期内的产品联合开展预防性维修工作。为了提高保修效益，本章将以二维保修关键部件作为研究对象，采用部队和承制单位联合预防性保修策略，分析相应保修决策模型的建立方法，讨论预防性维修间隔期，以及部队和承制单位执行预防性维修的时机，辅助相关部门进行预防性维修的决策。为了避免对承制单位产生过度依赖，阻碍部队自主维修能力的建设，本章在建立模型时，对承制单位执行预防性维修的次数进行了限制。

6.1 费用模型

6.1.1 模型假设与模型符号

1. 模型假设

①保修部件为可修部件；

②保修部件具有随时间和使用度两个维度同时退化的特性；

③预防性维修的维修程度为不完全维修；

④对部件执行周期预防性维修，其中由承制单位在部件保修期内开展一次巡检巡修，属于预防性维修，其余的由部队执行，且由承制单位执行后部件故障率的改善效果要比部队执行后更好；

⑤相对于保修期的长度，维修时间很短，可以忽略不计；

⑥部件故障后，由承制单位负责进行维修，维修程度为最小维修；

⑦在某一独立的产品中，保修部件使用率是定值，对于批量列装的产品，保修部件使用率是服从某一分布的随机变量。

2. 模型符号

(T_w, U_w)：部件的二维保修期。

(T_0, U_0)：二维预防性维修的间隔期。

r：部件的使用率。

$\lambda(t \mid r)$：部件的初始故障率（在使用率为 r 条件下部件的故障率）。

δ_1：部队执行预防性维修的修复因子。

δ_2：承制单位执行预防性维修的修复因子。

C_{p1}：部队执行 1 次预防性维修的平均费用。

C_{p2}：承制单位执行 1 次预防性维修的平均费用。

C_f：执行 1 次修复性维修的平均费用。

N_w：保修期内对部件执行预防性维修的总次数。

N：承制单位执行预防性维修的时机。

$C(T_0, U_0, N)$：保修费用期望值。

6.1.2　模型构建

(T_w, U_w) 为部件的二维保修期（当使用时间到达 T_w 或使用度到达 U_w 时，对部件的保修服务终止，$r_w = U_w/T_w$，表示部件的预计使用率）。保修期内以 (T_0, U_0) 为间隔期执行周期预防性维修。其中，T_0 是预防性维修的时间间隔期，U_0 是使用度间隔期，U_0 与 T_0 的比值为 $r_0 = U_0/T_0$。无论哪个期限先到达，均要执行预防性维修。部件的使用度 u 与使用时间 t 具有线性关系，即 $u = r \times t$。对批次部件，其使用率的分布函数与概率密度函数分别用 $G(r)$ 和 $g(r)$ 表示。假设部件的使用率服从尺度参数为 α、形状参数为 β 的双参数威布尔分布，其概率密度函数 $g(r) = (\beta/\alpha) \times (r/\alpha)^{\beta-1} \times e^{-(r/\alpha)^\beta}$。使用率为 r 的部件故障率表达式采用：$\lambda(t \mid r) = \theta_0 + \theta_1 r + \theta_2 t^2 + \theta_3 r t^2$，其中 θ_0、θ_1、θ_2、θ_3 为故障率参数，故障率中各个参数值可由历史故障数据进行估计得到。为了保持文章前后研究方法的一致性，预防性维修对部件故障率的影响采用与前一章相同的方法，即预防性维修降低了保修部件的虚拟工龄。保修期内，共执行 N_w 次预防性维修，仅第 N 次由承制单位来完成，剩余 $(N_w - 1)$ 次由部队完成，则 $N \in [1, N_w]$。

相比于一维保修期，对二维保修期内的部件执行预防性维修，建立相应的决策模型要复杂得多，需考虑保修截止期限和预防性维修间隔期的不同组合情况。根据 r_w 和 r_0 的关系，将部件保修费用分 $r_0 \leqslant r_w$ 和 $r_0 > r_w$ 两种情况分别进行分析。随着使用率 r 的变化，部件的保修截止期限和预防性维修间隔期随之改变。通过分析，根据 r、γ_w 和 r_0 的关系可进一步分为 6 种情况，如表 6 - 1 所示。

表 6 - 1　不同情况下预防性维修间隔期和保修截止期限

r_0 与 r_w 的关系	r 的范围	预防性维修间隔期	保修截止期限
	$r \leqslant r_0$	T_0	T_w
$r_0 \leqslant r_w$	$r_0 < r \leqslant r_w$	U_0/r	T_w
	$r > r_w$	U_0/r	U_w/r
	$r \leqslant r_w$	T_0	T_w
$r_0 > r_w$	$r_w < r \leqslant r_0$	T_0	U_w/r
	$r > r_0$	U_0/r	U_w/r

$\lambda_k(t \mid r)$ 表示在使用率为 r 条件下，第 $k(k \in [0, N_w])$ 次预防性维修之后 $t(kT_0 \leqslant t < (k+1)T_0$ 或 $kU_0/r \leqslant t < (k+1)U_0/r, k \in [0, N_w])$ 时刻部件的故障率。$\lambda_0(t \mid r)$ 表示部件从投入使用到第一次预防性维修之前的故障率。

1. $r_0 \leqslant r_w$ 条件下的保修费用模型

在 $r_0 \leqslant r_w$ 条件下，r_0 和 r_w 的相对关系如图 6 - 1 所示。由于不同用户对部件的使用率 r 不同，根据 r、r_0 和 r_w 的关系，需要分 3 种情况来讨论。

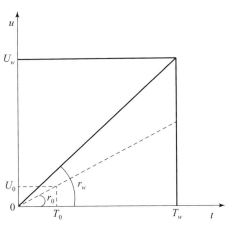

图 6 - 1　r_0 和 r_w 的相对关系（$r_0 \leqslant r_w$）

1) $r \leqslant r_0$

当 $r \leqslant r_0$ 时，在保修期内部件的保修截止期限为 T_w，预防性维修间隔期为 T_0，预防性维修总次数为 $N_w = \lfloor T_w / T_0 \rfloor$，分别在 T_0，$2T_0$，$\cdots$，$N_w T_0$ 时刻执行预防性维修，其中第 N 次由承制单位执行，如图 6-2 所示。

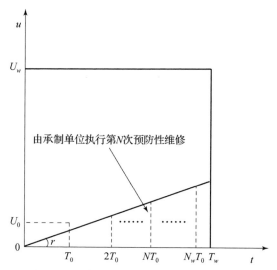

图 6-2　当 $r \leqslant r_0$ 时的预防性维修间隔期

在第 k 次预防性维修后，部件的故障率 $\lambda_k(t \mid r)$ 发生如下变化：
若 $k = 0$，则

$$\lambda_k(t \mid r) = \lambda(t \mid r) \tag{6-1}$$

若 $1 \leqslant k \leqslant N-1$，则

$$\lambda_k(t \mid r) = \lambda(t - kT_0 + (\delta_1 T_0 + \delta_1^2 T_0 + \cdots + \delta_1^k T_0) \mid r)$$

$$= \lambda\left(t - kT_0 + \sum_{i=1}^{k} \delta_1^i T_0 \mid r\right) \tag{6-2}$$

若 $k = N$，则

$$\lambda_k(t \mid r) = \lambda(t - kT_0 + (\delta_2 T_0 + \delta_2 \delta_1 T_0 + \cdots + \delta_2 \delta_1^{k-1} T_0) \mid r)$$

$$= \lambda\left(t - kT_0 + \delta_2 \sum_{i=0}^{k-1} \delta_1^i T_0 \mid r\right) \tag{6-3}$$

若 $N+1 \leqslant k \leqslant N_w$，则

$$\lambda_k(t \mid r) = \lambda(t - kT_0 + ((\delta_1 T_0 + \delta_1^2 T_0 + \cdots + \delta_1^{k-N} T_0) + (\delta_2 \delta_1^{k-N} T_0 +$$

$$\delta_2 \delta_1^{k-N+1} T_0 + \cdots + \delta_2 \delta_1^{k-1} T_0)) \mid r)$$

$$= \lambda\left(t - kT_0 + \sum_{i=1}^{k-N} \delta_1^i T_0 + \delta_2 \sum_{j=k-N}^{k-1} \delta_1^j T_0 \mid r\right)$$

$$\tag{6-4}$$

保修策略中对于故障后的部件执行最小维修，计算出不同预防性维修间隔期内部件故障次数，得出保修期内对部件进行修复性维修总费用为

$$C_{f总} = C_f \left(\int_0^{T_0} \lambda_0(t \mid r) \mathrm{d}t + \int_{T_0}^{2T_0} \lambda_1(t \mid r) \mathrm{d}t + \cdots + \int_{(N_w-1)T_0}^{N_wT_0} \lambda_{N-1}(t \mid r) \mathrm{d}t + \right.$$

$$\left. \int_{N_wT_0}^{T_w} \lambda_{N_w}(t \mid r) \mathrm{d}t \right)$$

$$= C_f \left(\sum_{i=0}^{N_w-1} \int_{iT_0}^{(i+1)T_0} \lambda_i(t \mid r) \mathrm{d}t + \int_{N_wT_0}^{T_w} \lambda_{N_w}(t \mid r) \mathrm{d}t \right)$$

$$(6-5)$$

在该条件下，承制单位执行 1 次预防性维修，部队执行（N_w-1）次预防性维修，预防性维修总费用为

$$C_{p总} = C_{p1}(N_w - 1) + C_{p2} \tag{6-6}$$

由式（5-5）、式（5-6）可知，当 $r \leqslant r_0$ 时，部件保修费用期望值为

$$C_1(T_0, U_0, N) = C_{p总} + C_{f总}$$

$$= C_{p1}(N_w - 1) + C_{p2} + C_f \left(\sum_{i=0}^{N_w-1} \int_{iT_0}^{(i+1)T_0} \lambda_i(t \mid r) \mathrm{d}t + \int_{N_wT_0}^{T_w} \lambda_{N_w}(t \mid r) \mathrm{d}t \right)$$

$$(6-7)$$

2）$r_0 < r \leqslant r_w$

当 $r_0 < r \leqslant r_w$ 时，预防性维修间隔期为 U_0/r，保修截止期限为 T_w，$N_w = \lfloor T_w r/U_0 \rfloor$，分别在 U_0/r，$2U_0/r$，$\cdots$，N_wU_0/r 时刻执行预防性维修，其中第 N 次由承制单位执行，如图 6-3 所示。

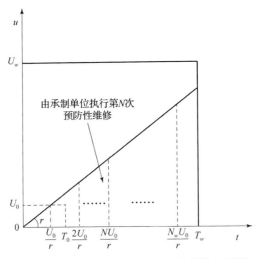

图 6-3 当 $r_0 < r \leqslant r_w$ 时的预防性维修间隔期

在第 k 次预防性维修后，部件的故障率 $\lambda_k(t\,|\,r)$ 发生如下变化：

若 $k=0$，则

$$\lambda_k(t\,|\,r) = \lambda(t\,|\,r) \tag{6-8}$$

若 $1 \leqslant k \leqslant N-1$，则

$$\begin{aligned}\lambda_k(t\,|\,r) &= \lambda(t - kU_0/r + (\delta_1 U_0/r + \delta_1^2 U_0/r + \cdots + \delta_1^k U_0/r)\,|\,r) \\ &= \lambda\left(t - kU_0/r + \sum_{i=1}^k \delta_1^i U_0/r\,|\,r\right)\end{aligned} \tag{6-9}$$

若 $k=N$，则

$$\begin{aligned}\lambda_k(t\,|\,r) &= \lambda(t - kU_0/r + (\delta_2 U_0/r + \delta_2\delta_1 U_0/r + \cdots + \delta_2\delta_1^{k-1} U_0/r)\,|\,r) \\ &= \lambda\left(t - kU_0/r + \delta_2\sum_{i=0}^{k-1}\delta_1^i U_0/r\,|\,r\right)\end{aligned} \tag{6-10}$$

若 $N+1 \leqslant k \leqslant N_w$，则

$$\begin{aligned}\lambda_k(t\,|\,r) = {}&\lambda(t - kU_0/r + ((\delta_1 U_0/r + \delta_1^2 U_0/r + \cdots + \delta_1^{k-N} U_0/r) + \\ &(\delta_2\delta_1^{k-N} U_0/r + \delta_2\delta_1^{k-N+1} U_0/r + \cdots + \delta_2\delta_1^{k-1} U_0/r))\,|\,r) \\ = {}&\lambda\left(t - kU_0/r + \sum_{i=1}^{k-N}\delta_1^i U_0/r + \delta_2\sum_{j=k-N}^{k-1}\delta_1^j U_0/r\,|\,r\right)\end{aligned} \tag{6-11}$$

在该条件下，保修期内对部件进行修复性维修总费用为

$$\begin{aligned}C_{f总} = {}&C_f\left(\int_0^{U_0/r}\lambda_0(t\,|\,r)\,\mathrm{d}t + \int_{U_0/r}^{2U_0/r}\lambda_1(t\,|\,r)\,\mathrm{d}t + \cdots + \int_{(N_w-1)U_0/r}^{N_w U_0/r}\lambda_{N-1}(t\,|\,r)\,\mathrm{d}t + \right. \\ &\left.\int_{N_w U_0/r}^{T_w}\lambda_{N_w}(t\,|\,r)\,\mathrm{d}t\right) \\ = {}&C_f\left(\sum_{i=0}^{N_w-1}\int_{iU_0/r}^{(i+1)U_0/r}\lambda_i(t\,|\,r)\,\mathrm{d}t + \int_{N_w U_0/r}^{T_w}\lambda_{N_w}(t\,|\,r)\,\mathrm{d}t\right)\end{aligned}$$

$$\tag{6-12}$$

预防性维修总费用为

$$C_{p总} = C_{p1}(N_w - 1) + C_{p2} \tag{6-13}$$

由式（6-12）、式（6-13）可知，当 $r_0 < r \leqslant r_w$ 时，部件保修费用期望值为

$$\begin{aligned}C_2(T_0,U_0,N) &= C_{p总} + C_{f总} \\ &= C_{p1}(N_w - 1) + C_{p2} + C_f\left(\sum_{i=0}^{N_w-1}\int_{iU_0/r}^{(i+1)U_0/r}\lambda_i(t\,|\,r)\,\mathrm{d}t + \int_{N_w U_0/r}^{T_w}\lambda_{N_w}(t\,|\,r)\,\mathrm{d}t\right)\end{aligned}$$

$$\tag{6-14}$$

3）$r > r_w$

当 $r > r_w$ 时，预防性维修间隔期为 U_0/r，保修截止期限为 U_w/r，

$N_w = \lfloor U_w / U_0 \rfloor$，分别在 U_0 / r，$2 U_0 / r$，$\cdots$，$N_w U_0 / r$ 时刻执行预防性维修，其中第 N 次由承制单位执行，如图 6 - 4 所示。

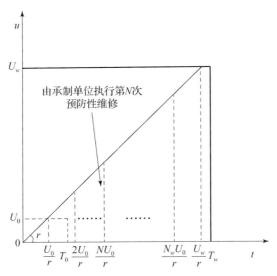

图 6 - 4　当 $r > r_w$ 时的预防性维修间隔期

在第 k 次预防性维修后，部件的故障率 $\lambda_k(t \mid r)$ 发生如下变化：

若 $k = 0$，则

$$\lambda_k(t \mid r) = \lambda(t \mid r) \tag{6-15}$$

若 $1 \leqslant k \leqslant N - 1$，则

$$
\begin{aligned}
\lambda_k(t \mid r) &= \lambda(t - k U_0 / r + (\delta_1 U_0 / r + \delta_1^2 U_0 / r + \cdots + \delta_1^k U_0 / r) \mid r) \\
&= \lambda \left(t - k U_0 / r + \sum_{i=1}^{k} \delta_1^i U_0 / r \mid r \right)
\end{aligned} \tag{6-16}
$$

若 $k = N$，则

$$
\begin{aligned}
\lambda_k(t \mid r) &= \lambda(t - k U_0 / r + (\delta_2 U_0 / r + \delta_2 \delta_1 U_0 / r + \cdots + \delta_2 \delta_1^{k-1} U_0 / r) \mid r) \\
&= \lambda \left(t - k U_0 / r + \delta_2 \sum_{i=0}^{k-1} \delta_1^i U_0 / r \mid r \right)
\end{aligned} \tag{6-17}
$$

若 $N + 1 \leqslant k \leqslant N_w$，则

$$
\begin{aligned}
\lambda_k(t \mid r) &= \lambda(t - k U_0 / r + ((\delta_1 U_0 / r + \delta_1^2 U_0 / r + \cdots + \delta_1^{k-N} U_0 / r) + \\
&\quad (\delta_2 \delta_1^{k-N} U_0 / r + \delta_2 \delta_1^{k-N+1} U_0 / r + \cdots + \delta_2 \delta_1^{k-1} U_0 / r)) \mid r) \\
&= \lambda \left(t - k U_0 / r + \sum_{i=1}^{k-N} \delta_1^i U_0 / r + \delta_2 \sum_{j=k-N}^{k-1} \delta_1^j U_0 / r \mid r \right)
\end{aligned} \tag{6-18}
$$

在该条件下，各预防性维修间隔期内修复性维修总费用为

$$C_{f总} = C_f \left(\int_0^{U_0/r} \lambda_0(t \mid r)\,\mathrm{d}t + \int_{U_0/r}^{2U_0/r} \lambda_1(t \mid r)\,\mathrm{d}t + \cdots + \int_{(N_w-1)U_0/r}^{N_w U_0/r} \lambda_{N-1}(t \mid r)\,\mathrm{d}t + \right.$$

$$\left. \int_{N_w U_0/r}^{U_w/r} \lambda_{N_w}(t \mid r)\,\mathrm{d}t \right)$$

$$= C_f \left(\sum_{i=0}^{N_w-1} \int_{iU_0/r}^{(i+1)U_0/r} \lambda_i(t \mid r)\,\mathrm{d}t + \int_{N_w U_0/r}^{U_w/r} \lambda_{N_w}(t \mid r)\,\mathrm{d}t \right)$$

$$(6-19)$$

预防性维修总费用为

$$C_{p总} = C_{p1}(N_w - 1) + C_{p2} \qquad (6-20)$$

由式（6-19）、式（6-20）可知，当 $r > r_w$ 时，保修期内的费用为

$$C_3(T_0, U_0, N) = C_{p总} + C_{f总}$$

$$= C_{p1}(N_w - 1) + C_{p2} + C_f \left(\sum_{i=0}^{N_w-1} \int_{iU_0/r}^{(i+1)U_0/r} \lambda_i(t \mid r)\,\mathrm{d}t + \right.$$

$$\left. \int_{N_w U_0/r}^{U_w/r} \lambda_{N_w}(t \mid r)\,\mathrm{d}t \right) \qquad (6-21)$$

在保修部件的使用率分布函数为 $G(r)$ 条件下，由式（6-7）、式（6-14）、式（6-21）知，在 $r_0 \leqslant r_w$ 情况下，保修期内维修费用期望值为

$$C(T_0, U_0, N) = \int_0^{r_0} C_1(T_0, U_0, N)\,\mathrm{d}G(r) + \int_{r_0}^{r_w} C_2(T_0, U_0, N)\,\mathrm{d}G(r) +$$

$$\int_{r_w}^{+\infty} C_3(T_0, U_0, N)\,\mathrm{d}G(r) \qquad (6-22)$$

2. $r_0 > r_w$ 条件下的保修费用模型

在 $r_0 > r_w$ 条件下，r_0 和 r_w 的相对关系如图 6-5 所示。由于不同用户对部件的使用率 r 不同，也需要分 3 种情况来讨论。

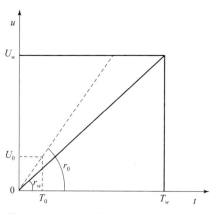

图 6-5 r_0 和 r_w 的相对关系（$r_0 > r_w$）

1) $r \leqslant r_w$

当 $r \leqslant r_w$ 时，预防性维修间隔期为 T_0，保修截止期限为 T_w，预防性维修总次数为 $N_w = \lfloor T_w/T_0 \rfloor$，分别在 T_0，$2T_0$，$\cdots$，$N_w T_0$ 时刻执行预防性维修，其中第 N 次由承制单位执行，如图 6 – 6 所示。

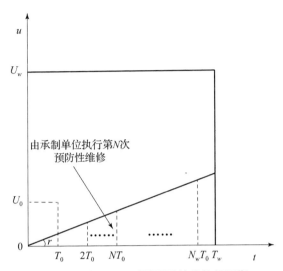

图 6 – 6　当 $r \leqslant r_w$ 时的预防性维修间隔期

在第 k 次预防性维修后，部件的故障率 $\lambda_k(t\,|\,r)$ 发生如下变化：

若 $k = 0$，则

$$\lambda_k(t\,|\,r) = \lambda(t\,|\,r) \tag{6 – 23}$$

若 $1 \leqslant k \leqslant N-1$，则

$$\begin{aligned}
\lambda_k(t\,|\,r) &= \lambda(t - kT_0 + (\delta_1 T_0 + \delta_1^2 T_0 + \cdots + \delta_1^k T_0)\,|\,r) \\
&= \lambda\left(t - kT_0 + \sum_{i=1}^{k} \delta_1^i T_0\,\Big|\,r\right)
\end{aligned} \tag{6 – 24}$$

若 $k = N$，则

$$\begin{aligned}
\lambda_k(t\,|\,r) &= \lambda(t - kT_0 + (\delta_2 T_0 + \delta_2 \delta_1 T_0 + \cdots + \delta_2 \delta_1^{k-1} T_0)\,|\,r) \\
&= \lambda\left(t - kT_0 + \delta_2 \sum_{i=0}^{k-1} \delta_1^i T_0\,\Big|\,r\right)
\end{aligned} \tag{6 – 25}$$

若 $N+1 \leqslant k \leqslant N_w$，则

$$\begin{aligned}
\lambda_k(t\,|\,r) &= \lambda(t - kT_0 + ((\delta_1 T_0 + \delta_1^2 T_0 + \cdots + \delta_1^{k-N} T_0) + \\
&\quad (\delta_2 \delta_1^{k-N} T_0 + \delta_2 \delta_1^{k-N+1} T_0 + \cdots + \delta_2 \delta_1^{k-1} T_0))\,|\,r) \\
&= \lambda\left(t - kT_0 + \sum_{i=1}^{k-N} \delta_1^i T_0 + \delta_2 \sum_{j=k-N}^{k-1} \delta_1^j T_0\,\Big|\,r\right)
\end{aligned} \tag{6 – 26}$$

在该条件下，各预防性维修间隔期内修复性维修总费用为

$$C_{f总} = C_f\Big(\int_0^{T_0}\lambda_0(t\mid r)\mathrm{d}t + \int_{T_0}^{2T_0}\lambda_1(t\mid r)\mathrm{d}t + \cdots +$$

$$\int_{(N_w-1)T_0}^{N_wT_0}\lambda_{N_w-1}(t\mid r)\mathrm{d}t + \int_{N_wT_0}^{T_w}\lambda_{N_w}(t\mid r)\mathrm{d}t\Big) \qquad (6-27)$$

$$= C_f\Big(\sum_{i=0}^{N_w-1}\int_{iT_0}^{(i+1)T_0}\lambda_i(t\mid r)\mathrm{d}t + \int_{N_wT_0}^{T_w}\lambda_{N_w}(t\mid r)\mathrm{d}t\Big)$$

在该条件下，承制单位执行 1 次预防性维修，部队执行（N_w-1）次预防性维修，预防性维修总费用为

$$C_{p总} = C_{p1}(N_w-1) + C_{p2} \qquad (6-28)$$

由式（6-27）、式（6-28）可知，当 $r \leqslant r_w$ 时，部件保修费用期望值为

$$C_4(T_0,U_0,N) = C_{p总} + C_{f总}$$

$$= C_{p1}(N_w-1) + C_{p2} + C_f\Big(\sum_{i=0}^{N_w-1}\int_{iT_0}^{(i+1)T_0}\lambda_i(t\mid r)\mathrm{d}t +$$

$$\int_{N_wT_0}^{T_w}\lambda_{N_w}(t\mid r)\mathrm{d}t\Big) \qquad (6-29)$$

2）$r_w < r \leqslant r_0$

当 $r_w < r \leqslant r_0$ 时，预防性维修间隔期为 T_0，保修截止期限为 U_w/r，$N_w = \lfloor U_w/T_0r \rfloor$，分别在 T_0，$2T_0$，$\cdots$，N_wT_0 时刻执行预防性维修，其中第 N 次由承制单位执行，如图 6-7 所示。

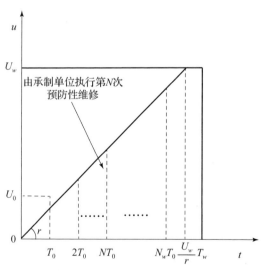

图 6-7 当 $r_w < r \leqslant r_0$ 时的预防性维修间隔期

在第 k 次预防性维修后，部件的故障率 $\lambda_k(t\mid r)$ 发生如下变化：

若 $k=0$，则

$$\lambda_k(t \mid r) = \lambda(t \mid r) \tag{6-30}$$

若 $1 \leqslant k \leqslant N-1$，则

$$\lambda_k(t \mid r) = \lambda(t - kT_0 + (\delta_1 T_0 + \delta_1^2 T_0 + \cdots + \delta_1^k T_0) \mid r)$$

$$= \lambda\left(t - kT_0 + \sum_{i=1}^{k} \delta_1^i T_0 \mid r\right) \tag{6-31}$$

若 $k = N$，则

$$\lambda_k(t \mid r) = \lambda(t - kT_0 + (\delta_2 T_0 + \delta_2 \delta_1 T_0 + \cdots + \delta_2 \delta_1^{k-1} T_0) \mid r)$$

$$= \lambda\left(t - kT_0 + \delta_2 \sum_{i=0}^{k-1} \delta_1^i T_0 \mid r\right) \tag{6-32}$$

若 $N+1 \leqslant k \leqslant N_w$，则

$$\lambda_k(t \mid r) = \lambda(t - kT_0 + ((\delta_1 T_0 + \delta_1^2 T_0 + \cdots + \delta_1^{k-N} T_0) +$$

$$(\delta_2 \delta_1^{k-N} T_0 + \delta_2 \delta_1^{k-N+1} T_0 + \cdots + \delta_2 \delta_1^{k-1} T_0)) \mid r)$$

$$= \lambda\left(t - kT_0 + \sum_{i=1}^{k-N} \delta_1^i T_0 + \delta_2 \sum_{j=k-N}^{k-1} \delta_1^j T_0 \mid r\right) \tag{6-33}$$

在该条件下，各预防性维修间隔期内修复性维修总费用为

$$C_{f总} = C_f\left(\int_0^{T_0} \lambda_0(t \mid r)\,\mathrm{d}t + \int_{T_0}^{2T_0} \lambda_1(t \mid r)\,\mathrm{d}t + \cdots + \right.$$

$$\left. \int_{(N_w-1)T_0}^{N_w T_0} \lambda_{N_w-1}(t \mid r)\,\mathrm{d}t + \int_{N_w T_0}^{U_w/r} \lambda_{N_w}(t \mid r)\,\mathrm{d}t \right)$$

$$= C_f\left(\sum_{i=0}^{N_w-1} \int_{iT_0}^{(i+1)T_0} \lambda_i(t \mid r)\,\mathrm{d}t + \int_{N_w T_0}^{U_w/r} \lambda_{N_w}(t \mid r)\,\mathrm{d}t \right) \tag{6-34}$$

预防性维修总费用为

$$C_{p总} = C_{p1}(N_w - 1) + C_{p2} \tag{6-35}$$

由式（6-34）、式（6-35）可知，当 $r_w < r \leqslant r_0$ 时，保修期内的费用为

$$C_5(T_0, U_0, N) = C_{p总} + C_{f总}$$

$$= C_{p1}(N_w - 1) + C_{p2} + C_f\left(\sum_{i=0}^{N_w-1} \int_{iT_0}^{(i+1)T_0} \lambda_i(t \mid r)\,\mathrm{d}t + \int_{N_w T_0}^{U_w/r} \lambda_{N_w}(t \mid r)\,\mathrm{d}t \right)$$

$$\tag{6-36}$$

3）$r > r_0$

当 $r > r_0$ 时，预防性维修间隔期为 U_0/r，保修截止期限为 U_w/r，$N_w = \lfloor U_w/U_0 \rfloor$，分别在 U_0/r，$2U_0/r$，$\cdots$，$N_w U_0/r$ 时刻执行预防性维修，其中第 N 次由承制单位执行，如图 6-8 所示。

在第 k 次预防性维修后，部件的故障率 $\lambda_k(t \mid r)$ 发生如下变化：

若 $k = 0$，则

$$\lambda_k(t \mid r) = \lambda(t \mid r) \tag{6-37}$$

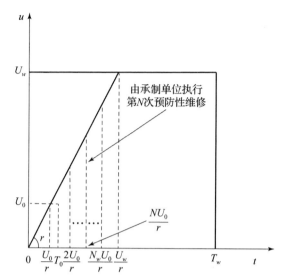

图6-8　当 $r > r_0$ 时的预防性维修间隔期

若 $1 \leq k \leq N-1$，则

$$\lambda_k(t \mid r) = \lambda(t - kU_0/r + (\delta_1 U_0/r + \delta_1^2 U_0/r + \cdots + \delta_1^k U_0/r) \mid r)$$

$$= \lambda\left(t - kU_0/r + \sum_{i=1}^{k} \delta_1^i U_0/r \mid r\right) \quad (6-38)$$

若 $k = N$，则

$$\lambda_k(t \mid r) = \lambda(t - kU_0/r + (\delta_2 U_0/r + \delta_2\delta_1 U_0/r + \cdots + \delta_2\delta_1^{k-1} U_0/r) \mid r)$$

$$= \lambda\left(t - kU_0/r + \delta_2 \sum_{i=0}^{k-1} \delta_1^i U_0/r \mid r\right) \quad (6-39)$$

若 $N+1 \leq k \leq N_w$，则

$$\lambda_k(t \mid r) = \lambda(t - kU_0/r + ((\delta_1 U_0/r + \delta_1^2 U_0/r + \cdots + \delta_1^{k-N} U_0/r) +$$

$$(\delta_2\delta_1^{k-N} U_0/r + \delta_2\delta_1^{k-N+1} U_0/r + \cdots + \delta_2\delta_1^{k-1} U_0/r)) \mid r)$$

$$= \lambda\left(t - kU_0/r + \sum_{i=1}^{k-N} \delta_1^i U_0/r + \delta_2 \sum_{j=k-N}^{k-1} \delta_1^j U_0/r \mid r\right) \quad (6-40)$$

在该条件下，各预防性维修间隔期内修复性维修总费用为

$$C_{f总} = C_f \left(\int_0^{U_0/r} \lambda_0(t \mid r)\,dt + \int_{U_0/r}^{2U_0/r} \lambda_1(t \mid r)\,dt + \cdots +\right.$$

$$\int_{(N_w-1)U_0/r}^{N_w U_0/r} \lambda_{N_w-1}(t \mid r)\,dt + \int_{N_w U_0/r}^{U_w/r} \lambda_{N_w}(t \mid r)\,dt \Bigg)$$

$$= C_f \left(\sum_{i=0}^{N_w-1} \int_{iU_0/r}^{(i+1)U_0/r} \lambda_i(t \mid r)\,dt + \int_{N_w U_0/r}^{U_w/r} \lambda_{N_w}(t \mid r)\,dt \right) \quad (6-41)$$

预防性维修总费用为

$$C_{p总} = C_{p1}(N_w - 1) + C_{p2} \qquad (6-42)$$

由式（6-41）、式（6-42）可知，当 $r > r_0$ 时，保修期内的费用为

$$C_6(T_0, U_0, N) = C_{p总} + C_{f总}$$

$$= C_{p1}(N_w - 1) + C_{p2} + C_f \left(\sum_{i=0}^{N_w-1} \int_{iU_0/r}^{(i+1)U_0/r} \lambda_i(t \mid r) \, \mathrm{d}t + \right.$$

$$\left. \int_{N_w U_0/r}^{U_w/r} \lambda_{N_w}(t \mid r) \, \mathrm{d}t \right) \qquad (6-43)$$

在保修部件的使用率分布函数为 $G(r)$ 条件下，由式（6-29）、式（6-36）、式（6-43）知，在 $r_0 > r_w$ 情况下，保修期内维修费用期望值为

$$C(T_0, U_0, N) = \int_0^{r_w} C_4(T_0, U_0, N) \, \mathrm{d}G(r) + \int_{r_w}^{r_0} C_5(T_0, U_0, N) \, \mathrm{d}G(r) +$$

$$\int_{r_0}^{+\infty} C_6(T_0, U_0, N) \, \mathrm{d}G(r) \qquad (6-44)$$

6.2　可用度模型

6.2.1　模型假设与模型符号

本节采用的模型假设与模型符号与第 6 章 6.1 节基本一致，对需要补充和区别的部分进行说明：

假设预防性维修和故障后修复性维修的时间不可以忽略，需要计算为保修期内部件的停机时间。

T_f：部件执行 1 次修复性维修的平均时间。

T_{p1}：部队执行 1 次预防性维修的平均时间。

T_{p2}：承制单位执行 1 次预防性维修的平均时间。

$D(T_0, U_0, N)$：保修期内部件停机时间期望值。

$A(T_0, U_0, N)$：保修期内部件可用度期望值。

6.2.2　模型构建

与上一节建立费用模型类似，重点对不同情况下部件的故障率变化规律进行了分析。在此基础上，研究保修期内部件的停机时间，在二维保修部件联合预防性维修策略下建立可用度模型。

当建立可用度模型时，根据 r_w 和 r_0 的关系，分为 $r_0 \leqslant r_w$ 和 $r_0 > r_w$ 两种情

况。随着使用率 r 取值范围的变化，二维保修期内，预防性维修间隔期和保修截止期限也会随之发生改变。通过分析，需要分为 6 种情况，与表 6-1 一致。在这 6 种情况下，部件故障率的变化规律与 6.1 节中建立费用模型时是一致的，因此，在本节建立可用度模型时，直接应用 6.1 节对故障率变化规律的研究结果。二维保修部件的可用度在不同使用率下部件的保修截止时间是不同的，则只能单独计算不同使用率下部件的可用度，再根据使用率分布情况求部件可用度的期望。因此，在建立可用度模型时，不能简单地将维修时间替换为维修费用来得到部件停机时间的表达式。

1. $r_0 \leqslant r_w$ 条件下的可用度模型

在 $r_0 \leqslant r_w$ 条件下，由于不同用户对部件的使用率 r 不同，需要分 3 种情况来讨论。

1) $r \leqslant r_0$

当 $r \leqslant r_0$ 时，部件的保修截止期限为 T_w，预防性维修间隔期为 T_0，保修期内预防性维修总次数为 $N_w = \lfloor T_w/T_0 \rfloor$。

在该条件下，各预防性维修间隔期内修复性维修导致的总停机时间为

$$D_{f总} = T_f \left(\int_0^{T_0} \lambda_0(t \mid r) \mathrm{d}t + \int_{T_0}^{2T_0} \lambda_1(t \mid r) \mathrm{d}t + \cdots + \int_{(N_w-1)T_0}^{N_w T_0} \lambda_{N_w-1}(t \mid r) \mathrm{d}t + \right.$$

$$\left. \int_{N_w T_0}^{T_w} \lambda_{N_w}(t \mid r) \mathrm{d}t \right)$$

$$= T_f \left(\sum_{i=0}^{N_w-1} \int_{iT_0}^{(i+1)T_0} \lambda_i(t \mid r) \mathrm{d}t + \int_{N_w T_0}^{T_w} \lambda_{N_w}(t \mid r) \mathrm{d}t \right) \qquad (6-45)$$

预防性维修的总停机时间为

$$D_{p总} = T_{p1}(N_w - 1) + T_{p2} \qquad (6-46)$$

则保修期内总停机时间为

$$D = D_{p总} + D_{f总}$$

$$= T_{p1}(N_w - 1) + T_{p2} + T_f \left(\sum_{i=0}^{N_w-1} \int_{iT_0}^{(i+1)T_0} \lambda_i(t \mid r) \mathrm{d}t + \int_{N_w T_0}^{T_w} \lambda_{N_w}(t \mid r) \mathrm{d}t \right)$$

$$(6-47)$$

该使用率下部件期望可用度为

$$A_1(T_0, U_0, N) = (T_w - D)/T_w = \left(T_w - \left(T_{p1}(N_w - 1) + T_{p2} + \right. \right.$$

$$\left. \left. T_f \left(\sum_{i=0}^{N_w-1} \int_{iT_0}^{(i+1)T_0} \lambda_i(t \mid r) \mathrm{d}t + \int_{N_w T_0}^{T_w} \lambda_{N_w}(t \mid r) \mathrm{d}t \right) \right) \right)/T_w$$

$$(6-48)$$

2）$r_0 < r \leqslant r_w$

当 $r_0 < r \leqslant r_w$ 时，预防性维修间隔期为 U_0/r，保修截止期限为 T_w，$N_w = \lfloor T_w r/U_0 \rfloor$。在该条件下，各预防性维修间隔期内修复性维修导致的总停机时间为

$$D_{f总} = T_f \left(\int_0^{U_0/r} \lambda_0(t \mid r)\,\mathrm{d}t + \int_{U_0/r}^{2U_0/r} \lambda_1(t \mid r)\,\mathrm{d}t + \cdots + \right.$$

$$\left. \int_{(N_w-1)U_0/r}^{N_w U_0/r} \lambda_{N_w-1}(t \mid r)\,\mathrm{d}t + \int_{N_w U_0/r}^{T_w} \lambda_{N_w}(t \mid r)\,\mathrm{d}t \right)$$

$$= T_f \left(\sum_{i=0}^{N_w-1} \int_{iU_0/r}^{(i+1)U_0/r} \lambda_i(t \mid r)\,\mathrm{d}t + \int_{N_w U_0/r}^{T_w} \lambda_{N_w}(t \mid r)\,\mathrm{d}t \right) \quad (6-49)$$

预防性维修的总停机时间为

$$D_{p总} = T_{p1}(N_w - 1) + T_{p2} \quad (6-50)$$

则保修期内总停机时间为

$$D = D_{p总} + D_{f总}$$

$$= T_{p1}(N_w - 1) + T_{p2} + T_f \left(\sum_{i=0}^{N_w-1} \int_{iU_0/r}^{(i+1)U_0/r} \lambda_i(t \mid r)\,\mathrm{d}t + \int_{N_w U_0/r}^{T_w} \lambda_{N_w}(t \mid r)\,\mathrm{d}t \right)$$

$$(6-51)$$

该使用率下部件期望可用度为

$$A_2(T_0, U_0, N) = (T_w - D)/T_w = \left(T_w - (T_{p1}(N_w - 1) + T_{p2} + \right.$$

$$\left. T_f \left(\sum_{i=0}^{N_w-1} \int_{iU_0/r}^{(i+1)U_0/r} \lambda_i(t \mid r)\,\mathrm{d}t + \int_{N_w U_0/r}^{T_w} \lambda_{N_w}(t \mid r)\,\mathrm{d}t \right) \right) \right)/T_w$$

$$(6-52)$$

3）$r > r_w$

当 $r > r_w$ 时，预防性维修间隔期为 U_0/r，保修截止期限为 U_w/r，$N_w = \lfloor U_w/U_0 \rfloor$。在该条件下，各预防性维修间隔期内修复性维修导致的总停机时间为

$$D_{f总} = T_f \left(\int_0^{U_0/r} \lambda_0(t \mid r)\,\mathrm{d}t + \int_{U_0/r}^{2U_0/r} \lambda_1(t \mid r)\,\mathrm{d}t + \cdots + \right.$$

$$\left. \int_{(N_w-1)U_0/r}^{N_w U_0/r} \lambda_{N_w-1}(t \mid r)\,\mathrm{d}t + \int_{N_w U_0/r}^{U_w/r} \lambda_{N_w}(t \mid r)\,\mathrm{d}t \right)$$

$$= T_f \left(\sum_{i=0}^{N_w-1} \int_{iU_0/r}^{(i+1)U_0/r} \lambda_i(t \mid r)\,\mathrm{d}t + \int_{N_w U_0/r}^{U_w/r} \lambda_{N_w}(t \mid r)\,\mathrm{d}t \right) \quad (6-53)$$

预防性维修的总停机时间为

$$D_{p总} = T_{p1}(N_w - 1) + T_{p2} \quad (6-54)$$

则保修期内总停机时间为

$$D = D_{p总} + D_{f总}$$

$$= T_{p1}(N_w - 1) + T_{p2} + T_f\left(\sum_{i=0}^{N_w-1} \int_{iU_0/r}^{(i+1)U_0/r} \lambda_i(t \mid r)\mathrm{d}t + \int_{N_w U_0/r}^{U_w/r} \lambda_{N_w}(t \mid r)\mathrm{d}t\right)$$

$$(6-55)$$

该使用率下部件期望可用度为

$$A_3(T_0, U_0, N) = (U_w/r - D)/(U_w/r) = (U_w/r - (T_{p1}(N_w - 1) + T_{p2} +$$

$$T_f(\sum_{i=0}^{N_w-1} \int_{iU_0/r}^{(i+1)U_0/r} \lambda_i(t \mid r)\mathrm{d}t + \int_{N_w U_0/r}^{U_w/r} \lambda_{N_w}(t \mid r)\mathrm{d}t)))/(U_w/r)$$

$$(6-56)$$

在保修部件的使用率分布函数为 $G(r)$ 条件下，由式（6-48）、式（6-52）、式（6-56）可得，在 $r_0 \leq r_w$ 情况下，保修部件可用度期望值为

$$A(T_0, U_0, N) = \int_0^{r_0} A_1(T_0, U_0, N)\mathrm{d}G(r) + \int_{r_0}^{r_w} A_2(T_0, U_0, N)\mathrm{d}G(r) +$$

$$\int_{r_w}^{+\infty} A_3(T_0, U_0, N)\mathrm{d}G(r)$$

$$(6-57)$$

2. $r_0 > r_w$ 条件下的可用度模型

在 $r_0 > r_w$ 条件下，由于不同用户对部件的使用率 r 不同，也需要分3种情况来讨论。

1）$r \leq r_w$

当 $r \leq r_w$ 时，预防性维修间隔期为 T_0，保修截止期限为 T_w，$N_w = \lfloor T_w/T_0 \rfloor$。

在该条件下，各预防性维修间隔期内修复性维修导致的总停机时间为

$$D_{f总} = T_f\left(\int_0^{T_0} \lambda_0(t \mid r)\mathrm{d}t + \int_{T_0}^{2T_0} \lambda_1(t \mid r)\mathrm{d}t + \cdots + \right.$$

$$\left. \int_{(N_w-1)T_0}^{N_w T_0} \lambda_{N_w-1}(t \mid r)\mathrm{d}t + \int_{N_w T_0}^{T_w} \lambda_{N_w}(t \mid r)\mathrm{d}t\right)$$

$$= T_f\left(\sum_{i=0}^{N_w-1} \int_{iT_0}^{(i+1)T_0} \lambda_i(t \mid r)\mathrm{d}t + \int_{N_w T_0}^{T_w} \lambda_{N_w}(t \mid r)\mathrm{d}t\right) \quad (6-58)$$

预防性维修的总停机时间为

$$D_{p总} = T_{p1}(N_w - 1) + T_{p2} \quad (6-59)$$

则保修期内总停机时间为

$$D = D_{p总} + D_{f总}$$

$$= T_{p1}(N_w - 1) + T_{p2} + T_f \left(\sum_{i=0}^{N_w-1} \int_{iT_0}^{(i+1)T_0} \lambda_i(t \mid r) \mathrm{d}t + \int_{N_wT_0}^{T_w} \lambda_{N_w}(t \mid r) \mathrm{d}t \right)$$

$$(6-60)$$

该使用率下部件期望可用度为

$$A_4(T_0, U_0, N) = (T_w - D)/T_w = \left(T_w - (T_{p1}(N_w - 1) + T_{p2} + \right.$$

$$\left. T_f \left(\sum_{i=0}^{N_w-1} \int_{iT_0}^{(i+1)T_0} \lambda_i(t \mid r) \mathrm{d}t + \int_{N_wT_0}^{T_w} \lambda_{N_w}(t \mid r) \mathrm{d}t \right) \right) \right) \Big/ T_w$$

$$(6-61)$$

2）$r_w < r \leqslant r_0$

当 $r_w < r \leqslant r_0$ 时，预防性维修间隔期为 T_0，保修截止期限为 U_w/r，$N_w = \lfloor U_w/T_0 r \rfloor$。在该条件下，各预防性维修间隔期内修复性维修导致的总停机时间为

$$D_{f总} = T_f \left(\int_0^{T_0} \lambda_0(t \mid r) \mathrm{d}t + \int_{T_0}^{2T_0} \lambda_1(t \mid r) \mathrm{d}t + \cdots + \right.$$

$$\left. \int_{(N_w-1)T_0}^{N_wT_0} \lambda_{N_w-1}(t \mid r) \mathrm{d}t + \int_{N_wT_0}^{U_w/r} \lambda_{N_w}(t \mid r) \mathrm{d}t \right)$$

$$= T_f \left(\sum_{i=0}^{N_w-1} \int_{iT_0}^{(i+1)T_0} \lambda_i(t \mid r) \mathrm{d}t + \int_{N_wT_0}^{U_w/r} \lambda_{N_w}(t \mid r) \mathrm{d}t \right) \quad (6-62)$$

预防性维修的总停机时间为

$$D_{p总} = T_{p1}(N_w - 1) + T_{p2} \quad (6-63)$$

则保修期内总停机时间为

$$D = D_{p总} + D_{f总}$$

$$= T_{p1}(N_w - 1) + T_{p2} + T_f \left(\sum_{i=0}^{N_w-1} \int_{iT_0}^{(i+1)T_0} \lambda_i(t \mid r) \mathrm{d}t + \int_{N_wT_0}^{U_w/r} \lambda_{N_w}(t \mid r) \mathrm{d}t \right)$$

$$(6-64)$$

该使用率下部件期望可用度为

$$A_5(T_0, U_0, N) = (U_w/r - D)/(U_w/r) = \left(U_w/r - (T_{p1}(N_w - 1) + T_{p2} + \right.$$

$$\left. T_f \left(\sum_{i=0}^{N_w-1} \int_{iT_0}^{(i+1)T_0} \lambda_i(t \mid r) \mathrm{d}t + \int_{N_wT_0}^{U_w/r} \lambda_{N_w}(t \mid r) \mathrm{d}t \right) \right) \right) \Big/ (U_w/r)$$

$$(6-65)$$

3）$r > r_0$

当 $r > r_0$ 时，预防性维修间隔期为 U_0/r，保修截止期限为 U_w/r，$N_w =$

$\lfloor U_w/U_0 \rfloor$。在该条件下，各预防性维修间隔期内修复性维修导致的总停机时间为

$$D_{f总} = T_f \left(\int_0^{U_0/r} \lambda_0(t \mid r)\mathrm{d}t + \int_{U_0/r}^{2U_0/r} \lambda_1(t \mid r)\mathrm{d}t + \cdots + \right.$$

$$\left. \int_{(N_w-1)U_0/r}^{N_w U_0/r} \lambda_{N_w-1}(t \mid r)\mathrm{d}t + \int_{N_w U_0/r}^{U_w/r} \lambda_{N_w}(t \mid r)\mathrm{d}t \right) \quad (6-66)$$

$$= T_f \left(\sum_{i=0}^{N_w-1} \int_{iU_0/r}^{(i+1)U_0/r} \lambda_i(t \mid r)\mathrm{d}t + \int_{N_w U_0/r}^{U_w/r} \lambda_{N_w}(t \mid r)\mathrm{d}t \right)$$

预防性维修的总停机时间为

$$D_{p总} = T_{p1}(N_w - 1) + T_{p2} \quad (6-67)$$

则保修期内总停机时间为

$$D = D_{p总} + D_{f总}$$

$$= T_{p1}(N_w - 1) + T_{p2} + T_f \left(\sum_{i=0}^{N_w-1} \int_{iU_0/r}^{(i+1)U_0/r} \lambda_i(t \mid r)\mathrm{d}t + \int_{N_w U_0/r}^{U_w/r} \lambda_{N_w}(t \mid r)\mathrm{d}t \right)$$

$$(6-68)$$

该使用率下部件期望可用度为

$$A_6(T_0, U_0, N) = (U_w/r - D)/U_w/r = \left(U_w/r - \left(T_{p1}(N_w - 1) + T_{p2} + \right. \right.$$

$$\left. \left. T_f \left(\sum_{i=0}^{N_w-1} \int_{iU_0/r}^{(i+1)U_0/r} \lambda_i(t \mid r)\mathrm{d}t + \int_{N_w U_0/r}^{U_w/r} \lambda_{N_w}(t \mid r)\mathrm{d}t \right) \right) \right) \middle/ (U_w/r)$$

$$(6-69)$$

在保修部件的使用率分布函数为 $G(r)$ 条件下，由式（6-61）、式（6-65）、式（6-69）可得，在 $r_0 > r_w$ 情况下，保修期内部件可用度期望值为：

$$A(T_0, U_0, N) = \int_0^{r_w} A_4(T_0, U_0, N)\mathrm{d}G(r) + \int_{r_w}^{r_0} A_5(T_0, U_0, N)\mathrm{d}G(r)$$

$$+ \int_{r_0}^{+\infty} A_6(T_0, U_0, N)\mathrm{d}G(r) \quad (6-70)$$

6.3 模型解析

在已建立费用模型和可用度模型的基础上，建立费效比模型。将费效比模型作为联合预防性保修策略下进行决策的重要依据，费效比模型为

$$V(T_0, U_0, N) = \frac{C(T_0, U_0, N)}{A(T_0, U_0, N)} \quad (6-71)$$

利用数值解法对不同变量下的模型进行求解，对比不同的结果得到最优值。由于求解这 3 种模型的方法类似，以费用模型为例进行说明，求解步骤如下：

1. 在部件二维保修期 (T_w, U_w) 内，选取合适的 (T_0, U_0) 作为预防性维修间隔期。以固定的步长 ΔT_0 和 ΔU_0 生成有限组 (T_0, U_0)。

2. 在每一组 (T_0, U_0) 中，确定出预防性维修总次数 N_w，使 N 在 $[1, N_w]$ 内遍历取值，得到在某一 (T_0, U_0) 条件下的不同组合 (T_0, U_0, N)。

3. 根据式（6-22）或（6-44），计算出不同组合 (T_0, U_0, N) 对应的保修费用 $C(T_0, U_0, N)$，并将所求保修费用的最小值作为最优解 $C^*(T_0, U_0, N)$，以及对应的最优 T_0^*、U_0^* 和 N^*。

6.4 案例分析

某新型防空导弹武器系统中导弹发射车的保修期规定为 $T_w = 2$ 年，$U_w = 1.6 \times 10^4$ km，发动机是导弹发射车中的二维保修关键部件。为减少故障次数，降低保修费用，采用联合预防性保修策略。预防性维修工作分别由部队和承制单位执行。经相关专家评估，部队和承制单位对该部件预防性维修的后的修复因子分别为 $\delta_1 = 0.75$，$\delta_2 = 0.6$。通过对部队调研发现，发现该部件的使用率服从尺度参数为 α、形状参数为 β 的威布尔分布，其概率密度函数为 $g(r) = (\beta/\alpha) \times (r/\alpha)^{\beta-1} \times e^{-(r/\alpha)^\beta}$。在使用率为 r 条件下的部件故障率为 $\lambda(t \mid r) = \theta_0 + \theta_1 r + \theta_2 t^2 + \theta_3 r t^2$，其余参数如表 6-2 所示。

表 6-2 参数设置

参数	设定值
θ_0，θ_1，θ_2，θ_3	0.7，0.5，0.6，0.8
C_f/元	300
T_f/天	1
C_{p1}/元	1 150
T_{p1}/天	2.5
C_{p2}/元	3 250
T_{p2}/天	3.5
α	2
β	2.8

在联合预防性保修策略下，要使得保修费用最低，分析部队和承制单位执行预防性维修的时机。

1. 求解计算

借助 MATLAB 软件，采用数值解法对模型进行计算。T_0 以步长 $0.02T_w$ 在 $[0, T_w]$ 内取值，U_0 以步长 $0.02U_w$ 在 $[0, U_w]$ 内取值。计算每一组 (T_0, U_0) 中 N 取不同值时的保修费用 $C(T_0, U_0, N)$，并得到该组最小值为最优保修费用。绘制出不同 (T_0, U_0) 条件下对应的最优保修费用，如图6-9所示。按照同样的方法，计算出可用度和费效比，并绘制出不同 (T_0, U_0) 条件下对应的最优可用度和费效比，如图 6-10 和图 6-11 所示。

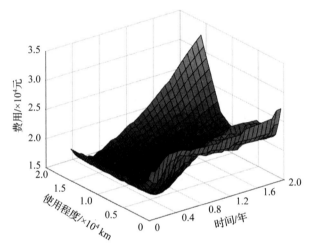

图 6-9　不同 (T_0, U_0) 条件下对应的最优保修费用

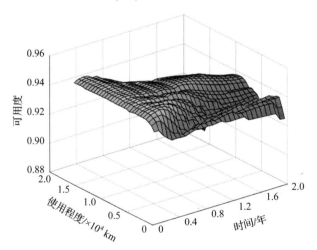

图 6-10　不同 (T_0, U_0) 条件下对应的最优可用度

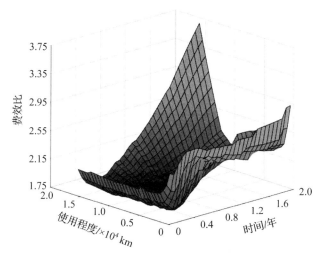

图 6 – 11　不同（T_0，U_0）条件下对应的最优费效比

从图 6 – 9 可以看出不同（T_0，U_0）对应的保修费用曲线有最低点，说明存在一组（T_0，U_0），将其作为预防性维修间隔期可使保修费用最低。从计算结果可知，最低费用为 $1.572\ 3 \times 10^4$ 元，对应的最优二维预防性维修间隔期（T_0^*，U_0^*）=（0.52 年，0.42×10^4 km），且保修期内第 2（即 $N^* = 2$）次预防性维修由承制单位执行。

为了与原有部队独立执行预防性维修的保修策略进行对比，绘制出独立预防性保修策略下的保修费用曲线，如图 6 – 12 所示。由计算结果可得最低费用为 $1.658\ 5 \times 10^4$ 元，对应的最优二维预防性维修间隔期（T_0^*，U_0^*）=（0.36 年，0.29×10^4 km）。

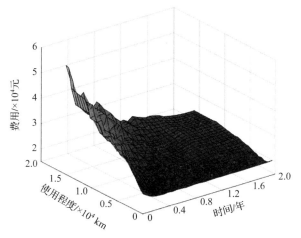

图 6 – 12　不同（T_0，U_0）条件下的保修费用（独立预防性保修）

经过对比可知，采用联合预防性保修策略，可将保修费用降低 5.19%，优化效果明显。

2. 结果分析

通过对保修费用进行分析可知，在该保修策略下，保修费用有以下规律：

①当预防性维修使用度间隔期 U_0 较小时，保修费用随预防性维修使用度间隔期 T_0 变化较大；当预防性维修使用度间隔期 U_0 较大时，保修费用随预防性维修使用度间隔期 T_0 变化较小。分别计算当 $U_0 = 0.02\ U_w$（以较小的使用度间隔期执行预防性维修）和 $U_0 = 0.9\ U_w$（以较大的使用度间隔期执行预防性维修）时，T_0 在 $[0, T_w]$ 内均匀取值的保修费用，并计算方差，其结果如表 6-3 所示。可知当 $U_0 = 0.02\ U_w$ 时，随着 T_0 的变化，保修费用变化较大。

表 6-3　U_0 固定、T_0 变化条件下最低保修费用

T_0 取值	$C^*(T_0, U_0, N) \times 10^5$ 元	
	$U_0 = 0.02\ U_w$	$U_0 = 0.9\ U_w$
$T_0 = 0.04 T_w$	0.610 3	0.269 5
$T_0 = 0.08 T_w$	0.643 0	0.189 8
$T_0 = 0.12 T_w$	0.662 4	0.179 6
$T_0 = 0.16 T_w$	0.702 0	0.183 9
$T_0 = 0.20 T_w$	0.758 5	0.198 9
$T_0 = 0.24 T_w$	0.838 1	0.212 2
$T_0 = 0.28 T_w$	0.916 6	0.228 9
$T_0 = 0.32 T_w$	0.980 6	0.254 6
$T_0 = 0.36 T_w$	1.089 4	0.276 6
$T_0 = 0.40 T_w$	1.174 3	0.306 5
$T_0 = 0.44 T_w$	1.268 2	0.338 9
$T_0 = 0.48 T_w$	1.369 2	0.374 1
$T_0 = 0.52 T_w$	1.483 0	0.411 4
$T_0 = 0.56 T_w$	1.604 5	0.454 7
$T_0 = 0.60 T_w$	1.737 1	0.497 4
$T_0 = 0.64 T_w$	1.800 9	0.539 0

T_0 取值	$C^*(T_0,U_0,N) \times 10^5$ 元	
	$U_0 = 0.02\ U_w$	$U_0 = 0.9\ U_w$
$T_0 = 0.68T_w$	1.949 0	0.579 2
$T_0 = 0.72T_w$	2.013 9	0.617 8
$T_0 = 0.76T_w$	2.178 0	0.654 4
$T_0 = 0.80T_w$	2.250 6	0.689 1
$T_0 = 0.84T_w$	2.431 6	0.721 6
$T_0 = 0.88T_w$	2.505 2	0.751 9
$T_0 = 0.92T_w$	2.578 7	0.779 9
$T_0 = 0.96T_w$	2.780 8	0.805 6
$T_0 = T_w$	2.858 8	0.829 2
Var	2.145 0	0.203 1

②当预防性维修时间间隔期 T_0 较小时，保修费用随预防性维修使用度间隔期 U_0 变化较小；当预防性维修时间间隔期 T_0 较大时，保修费用随预防性维修使用度间隔期 U_0 变化较大。分别计算当 $T_0 = 0.02\ T_w$ 和 $T_0 = 0.9\ T_w$ 时，U_0 在 $[0,U_w]$ 内均匀取值的保修费用，其结果如表 6 – 4 所示。可知当 $T_0 = 0.9\ T_w$ 时，随着 U_0 的变化，保修费用变化较大。

表 6 – 4　T_0 固定、U_0 变化条件下最低保修费用

U_0 取值	$C^*(T_0,U_0,N) \times 10^5$ 元	
	$T_0 = 0.02\ T_w$	$T_0 = 0.9\ T_w$
$U_0 = 0.04U_w$	0.489 9	1.292 9
$U_0 = 0.08U_w$	0.468 1	0.623 7
$U_0 = 0.12U_w$	0.465 2	0.481 0
$U_0 = 0.16U_w$	0.464 8	0.448 5
$U_0 = 0.20U_w$	0.464 8	0.449 1
$U_0 = 0.24U_w$	0.465 2	0.370 4
$U_0 = 0.28U_w$	0.465 2	0.260 6

U_0 取值	$C^*(T_0,U_0,N) \times 10^5$ 元	
	$T_0 = 0.02\,T_w$	$T_0 = 0.9\,T_w$
$U_0 = 0.32U_w$	0.464 0	0.251 2
$U_0 = 0.36U_w$	0.463 7	0.255 6
$U_0 = 0.40U_w$	0.464 6	0.230 9
$U_0 = 0.44U_w$	0.465 3	0.220 3
$U_0 = 0.48U_w$	0.465 3	0.212 9
$U_0 = 0.52U_w$	0.463 8	0.237 1
$U_0 = 0.56U_w$	0.464 3	0.279 4
$U_0 = 0.60U_w$	0.464 7	0.325 9
$U_0 = 0.64U_w$	0.465 1	0.376 1
$U_0 = 0.68U_w$	0.465 3	0.429 8
$U_0 = 0.72U_w$	0.464 2	0.486 3
$U_0 = 0.76U_w$	0.464 4	0.545 3
$U_0 = 0.80U_w$	0.464 7	0.606 3
$U_0 = 0.84U_w$	0.464 8	0.669 3
$U_0 = 0.88U_w$	0.465 1	0.733 6
$U_0 = 0.92U_w$	0.464 7	0.799 0
$U_0 = 0.96U_w$	0.464 8	0.865 4
$U_0 = U_w$	0.464 9	0.932 5
Var	0.000 1	0.292 1

③在(T_0,U_0)确定的情况下，随着 N 的增大，保修费用发生不同的变化。从计算结果中选取 3 组不同(T_0,U_0)条件下，随着 N 取值的增大，保修费用的变化趋势，相应的保修费用数据如表 6 – 5 所示。表中，保修费用 $C(T_0,U_0,N)$的单位为 "$\times 10^4$ 元"。

表 6 - 5　(T_0, U_0) 固定、N 变化条件下的保修费用

组合	$(T_0, U_0)/$ (年，$\times 10^4$ km)	$C(T_0, U_0, N)/N$						
		1	2	3	4	5	6	7
组合 1	(0.28，0.22)	1.810 8	1.768 9	1.740 9	1.732 1	1.743 6	1.777 4	1.888 2
组合 2	(0.36，0.51)	1.710 0	1.717 5	1.966 9	—	—	—	—
组合 3	(0.44，0.19)	2.369 5	2.305 2	2.248 9	2.165 0	—	—	—

由费用结果可知，当 $(T_0, U_0) = (0.28$ 年，0.22×10^4 km$)$ 时，随着 N 的增大，保修费用先减小、后增大；当 $(T_0, U_0) = (0.36$ 年，0.51×10^4 km$)$ 时，随着 N 的增大，保修费用逐渐增大；当 $(T_0, U_0) = (0.44$ 年，0.19×10^4 km$)$ 时，随着 N 的增大，保修费用逐渐减小。由此可知，在这一保修策略中，T_0、U_0 和 N 中任意一个发生变化，对于保修费用都会有不同程度的影响。

为了检验 C_f、C_{p1} 和 C_{p2} 对保修费用的影响，分别将 C_f、C_{p1} 和 C_{p2} 作为变量进行最优保修费用的对比，如表 6 - 6、表 6 - 7 和表 6 - 8 所示。

表 6 - 6　不同 C_f 条件下最优保修费用

$C_f/$元	$T_0^*/$年	$U_0^*/\times 10^4$ km	N^*	$C^*(T_0, U_0, N)/\times 10^4$ 元
250	0.52	0.41	2	1.402 7
300	0.52	0.41	2	1.572 3
350	0.36	0.32	3	1.734 3
400	0.36	0.29	3	1.870 0
450	0.36	0.25	4	2.005 5

表 6 - 7　不同 C_{p1} 条件下最优保修费用

$C_f/$元	$T_0^*/$年	$U_0^*/\times 10^4$ km	N^*	$C^*(T_0, U_0, N)/\times 10^4$ 元
950	0.36	0.32	3	1.518 7
1 050	0.52	0.41	2	1.552 3
1 150	0.52	0.41	2	1.572 3
1 250	0.52	0.41	2	1.592 3
1 350	0.52	0.41	2	1.612 3

表 6 – 8　不同 C_{p2} 条件下最优保修费用

$C_{p2}/元$	$T_0^*/年$	$U_0^*/\times 10^4\ km$	N^*	$C^*(T_0,U_0,N)/\times 10^4\ 元$
2 750	0.52	0.41	2	1.522 4
3 000	0.52	0.41	2	1.547 4
3 250	0.52	0.41	2	1.572 3
3 500	0.52	0.41	2	1.597 4
3 750	0.52	0.41	2	1.622 4

由表 6 – 6 ~ 表 6 – 8 的结果可知，C_f、C_{p1} 和 C_{p2} 对保修费用均有影响。通过比较，C_f 的变化对最优保修费用 $C^*(T_0,U_0,N)$ 的影响较大。在进行保修服务中，可重点改进对该发动机的修复性维修工作，节省相应的维修费用以优化保修费用。

6.5　本章小结

本章针对二维保修关键部件，在采用联合预防性保修策略的基础上，依据使用率的不同，区分出不同的保修截止期限和预防性维修间隔期，建立了二维保修期内单部件联合预防性保修决策模型，并采用数值解法求解模型。通过案例，分析了保修费用随预防性维修时间间隔期和可用度间隔期的变化趋势，并证明了与原有保修策略相比，联合预防性保修策略具有明显的优势。二维保修期内单部件联合预防性保修决策模型建立，可为联合预防性保修决策提供科学的依据。

第7章
复杂产品联合预防性二维保修决策模型

在上一章中，详细论述了关键部件的联合预防性二维保修决策方案的确定方法，本章以此为基础，并借鉴第6章的研究成果，进一步探讨复杂产品联合预防性二维保修决策模型建立方法。产品中包含大量的串联多部件，串联多部件由若干单部件以串联方式组成，共同实现某项复杂的功能。在串联多部件中，任何一个单部件出现故障，都会导致整个串联多部件出现故障。对任何一个单部件进行维修，也会导致整个串联多部件的停机。在保修期内，若孤立地对各单部件进行维修，会出现维修资源浪费、停机频繁等现象，造成保修效率低下的后果。本章在对关键部件联合预防性保修研究的基础上，针对二维保修期内具有结构相关性的串联多部件，进行预防性维修工作的组合优化，建立基于费用和可用度的联合预防性保修决策模型，并通过案例进行验证。

7.1 费用模型

从降低保修费用的角度分析，对组成复杂产品中各单部件进行组合维修是最有效的策略之一，尤其适合于拆装费用和维修准备费用较高的情况[92]。每一次维修均需要一定的维修准备费用，串联多部件中包含单部件数量越多，预防性维修次数就越多，对保修费用影响就越大。串联多部件维修工作频繁、保修费用高昂，是当前部队和承制单位共同面临的问题。但是，串联多部件保修费用的优化研究成果较少，尤其是对二维保修串联多部件，更是鲜有研究。在二维保修关键部件联合预防性保修决策模型研究的基础上，本章引入预防性维修基准间隔期，采用组合维修的方法，将各单部件预防性维修工作进行优化，降低串联多部件的保修费用。

7.1.1 模型假设与模型符号

1. 模型假设

①串联多部件由若干单部件串联组成；

②各单部件均是可修部件，且各单部件具有随时间和使用度两个维度同时退化的特性；

③各单部件不会同时出现故障；

④预防性维修的维修程度为不完全维修；

⑤对各单部件执行周期预防性维修，其中由承制单位执行 1 次，其余的由部队执行，且由承制单位执行后部件故障率的改善效果要比部队执行后好；

⑥相对于保修期的长度，维修时间很短，可以忽略不计；

⑦部件故障后，由承制单位负责维修，维修程度为最小维修；

⑧在某一独立的产品中，串联多部件使用率是定值，对于批量列装的产品，串联多部件使用率是服从某一分布的随机变量；

⑨在某一串联多部件中，各单部件具有相同的使用率。

2. 模型符号

(T_w, U_w)：串联多部件的保修期。

(T_i, U_i)：部件 i 的预防性维修间隔期。

(T_m, U_m)：串联多部件预防性维修基准间隔期。

$\boldsymbol{T}_i$：部件 i 的预防性维修时刻数组。

$\boldsymbol{U}_i$：部件 i 的预防性维修使用度数组。

r：串联多部件的使用率。

T_{ij}：部件 i 第 j 次预防性维修的时刻。

U_{ij}：部件 i 第 j 次预防性维修的使用度。

C_{fi}：部件 i 故障后执行 1 次最小维修的费用。

C_{p1i}：部队对部件 i 执行 1 次预防性维修的平均费用。

C_{p2i}：承制单位对部件 i 执行 1 次预防性维修的平均费用。

N_{wi}：保修期内部件 i 预防性维修的总次数。

N_i：承制单位对部件 i 执行预防性维修的时机。

δ_{1i}：部队对部件 i 执行预防性维修的修复因子。

δ_{2i}：承制单位对部件 i 执行预防性维修的修复因子。

C_{Di}：对部件 i 执行预防性维修的准备费用。

C_{Dc}：预防性维修工作组合后，对串联多部件执行预防性维修的准备费用。

$C(\boldsymbol{T}_i, \boldsymbol{U}_i, N_i)$：预防性维修工作优化前部件 i 的保修费用。

$C(T_w, U_w)$：预防性维修工作优化前串联多部件的保修费用。

$C^o(T_w, U_w)$：预防性维修工作优化后串联多部件的保修费用。

$\lambda_i(t \mid r)$：使用率为 r 时部件 i 的故障率函数。

r_w：串联多部件保修期 U_w 与 T_w 之比。

r_i：部件 i 预防性维修间隔期 U_i 与 T_i 之比。

S：组成串联多部件的单部件个数。

7.1.2　模型构建

采用 6.1 节二维保修期内单部件联合预防性保修决策模型，以保修费用最低为目标，确定出各单部件最优预防性维修间隔期、部队和承制单位执行预防性维修的时机，并求出预防性维修工作组合优化前串联多部件的最优保修费用。在此基础上，采用预防性维修工作组合优化的方法，对各单部件预防性维修工作进行组合，调整各单部件预防性维修的时机，并确定出预防性维修工作组合优化后串联多部件的保修费用。

1. 预防性维修工作组合优化前串联多部件的保修费用

在二维保修期 (T_w, U_w) 内，部件 i 以 (T_i, U_i) 为间隔期（$i = 1$，2，$\cdots$，S），执行周期预防性维修。在 6.1 节中进行二维保修期内单部件联合预防性保修决策，对单部件执行周期预防性维修，即相邻两次预防性维修的间隔是定值，可得到最佳的预防性维修间隔期 T_i 或 U_i。对串联多部件中的各单部件预防性维修工作进行组合优化，主要是对不同单部件每次执行预防性维修的时刻或使用度进行调整。因此，在给出预防性维修间隔期 T_i 和 U_i 的基础上，进一步明确每次预防性维修的时刻和使用度。保修期内每次对部件 i 执行预防性维修时刻和使用度分别用数组 $\boldsymbol{T}_i$ 和 $\boldsymbol{U}_i$ 表示，即

$$\left.\begin{aligned} \boldsymbol{T}_i &= [T_{i1}, \cdots, T_{ij}, \cdots, T_{iN_{wi}}] \\ \boldsymbol{U}_i &= [U_{i1}, \cdots, U_{ij}, \cdots, U_{iN_{wi}}] \end{aligned}\right\} \tag{7-1}$$

其中，$T_{ij} = jT_i$，$U_{ij} = jU_i$，$j = 1$，2，$\cdots$，N_{wi}，T_{ij} 和 U_{ij} 分别表示部件 i 第 j 次预防性维修的时刻和使用度，第 N_i（$N_i \in [1, N_{wi}]$）次预防性维修由承制单位来执行，剩余（$N_{wi} - 1$）次由部队执行。根据虚拟工龄方法，在对部件执行预防性维修后，降低了部件的虚拟工龄。假设在 t_p 时刻执行预防性维修，$v(t_p^-)$ 表示维修前的虚拟工龄，$v(t_p^+)$ 表示维修后的虚拟工龄。预防性维修后部件的虚拟工龄的变化为 $v(t_p^+) = \delta v(t_p^-)$，实际工龄降低了 $(1 - \delta)v(t_p^-)$，则在下

一次预防性维修之前的 t 时刻，部件故障率为 $\lambda(t \mid r) = \lambda(t - (1-\delta)v(t_p^-) \mid r)$。

部件 i 的使用率 r 是一个随机变量，其分布函数与概率密度函数分别用 $G(r)$ 和 $g(r)$ 表示。根据 r_i 和 r_w 的关系，将部件 i 的保修费用分为 $r_i \leqslant r_w$ 和 $r_i > r_w$ 两种情况进行研究。随着使用率 r 的变化，保修期内预防性维修间隔期和保修截止期限也随之改变，进一步可分为 6 种情况，如表 7-1 所示。

表 7-1 不同情况下预防性维修间隔期和保修截止期限

r_i 与 r_w 的关系	r 的范围	预防性维修间隔期	保修截止期限
$r_i \leqslant r_w$	$r \leqslant r_i \leqslant r_w$	T_i	T_w
	$r_i < r \leqslant r_w$	U_i/r	T_w
	$r_i \leqslant r_w < r$	U_i/r	U_w/r
$r_i > r_w$	$r \leqslant r_w < r_i$	T_i	T_w
	$r_w < r \leqslant r_i$	T_i	U_w/r
	$r_w \leqslant r_i < r$	U_i/r	U_w/r

1） $r \leqslant r_i \leqslant r_w$

当 $r \leqslant r_i \leqslant r_w$ 时，部件 i 预防性维修间隔期为 T_i，保修截止期限为 T_w，则部件 i 预防性维修的总次数为 $N_{wi} = \lfloor T_w/T_i \rfloor$，第 N_i 次由承制单位来执行，剩余 $(N_{wi}-1)$ 次由部队执行，其中 $N_i \in [1, N_{wi}]$。在保修期内执行周期预防性维修，则部件 i 各次预防性维修时刻数组为 $\boldsymbol{T}_i = [T_i, 2T_i, \cdots, N_{wi}T_i]$。

$\lambda_{ij}(t \mid r)$ 表示部件 i 在第 $j(j = 0, 1, 2, \cdots, N_{wi})$ 次预防性维修后某 t 时刻的故障率，$\lambda_{i0}(t \mid r)$ 表示部件 i 从投入使用到第一次预防性维修之前某 t 时刻的故障率。

在预防性维修时刻用数组表示的条件下，故障率 $\lambda_{ij}(t \mid r)$ 可表示为
若 $j = 0$，则

$$\lambda_{ij}(t \mid r) = \lambda_i(t \mid r) \tag{7-2}$$

若 $1 \leqslant j \leqslant N_i - 1$，则

$$\lambda_{ij}(t \mid r) = \lambda\left(t - T_{ij} + \sum_{n=1}^{j} \delta_1^n (T_{i(j-n+1)} - T_{i(j-n)}) \mid r\right) \tag{7-3}$$

若 $j = N_i$，则

$$\lambda_{ij}(t \mid r) = \lambda\left(t - T_{ij} + \delta_2 \sum_{n=0}^{j-1} \delta_1^n (T_{i(j-n)} - T_{i(j-n-1)}) \mid r\right) \tag{7-4}$$

若 $N_i + 1 \leqslant j \leqslant N_{wi}$，则

$$\lambda_{ij}(t\mid r) = \lambda\left(t - T_{ij} + \sum_{n=1}^{j-N_i}\delta_1^n(T_{i(j-n+1)} - T_{i(j-n)}) + \delta_2\sum_{n=1}^{N_i}\delta_1^{j-n}(T_{in} - T_{i(n-1)})\right)$$

$$(7-5)$$

其中，$T_{i0} = 0$ 表示各部件 i 开始投入时为全新的状态。

在该条件下，部件 i 修复性维修的总费用 $C_{fi总}$ 为

$$C_{fi总} = C_{fi}\sum_{j=0}^{N_{wi}-1}\int_{T_{ij}}^{T_{i(j+1)}}\lambda_{ij}(t\mid r)\mathrm{d}(t) + C_{fi}\int_{T_{iN_{wi}}}^{T_w}\lambda_{iN_{wi}}(t\mid r)\mathrm{d}(t) \qquad (7-6)$$

预防性维修的总费用为

$$C_{pi总} = (C_{Di} + C_{p1i})(N_{wi} - 1) + C_{Di} + C_{p2i} \qquad (7-7)$$

则二维保修期内部件 i 的保修费用为

$$\begin{aligned} C_{i1}(\boldsymbol{T}_i, \boldsymbol{U}_i, N_i) &= C_{pi总} + C_{fi总} \\ &= (C_{Di} + C_{p1i})(N_{wi} - 1) + C_{Di} + C_{p2i} + \\ &\quad C_{fi}\sum_{j=0}^{N_{wi}-1}\int_{T_{ij}}^{T_{i(j+1)}}\lambda_{ij}(t\mid r)\mathrm{d}(t) + C_{fi}\int_{T_{iN_{wi}}}^{T_w}\lambda_{iN_{wi}}(t\mid r)\mathrm{d}(t) \end{aligned}$$

$$(7-8)$$

使用率在其他 5 种情况下，保修费用的分析方法与此类似，仅是预防性维修间隔和保修截止期限有区别。因此，计算过程不再赘述，直接给出二维保修期内其他使用率下部件 i 保修费用的计算式。

2）$r_i < r \leqslant r_w$

当 $r_i < r \leqslant r_w$ 时，有

$$\begin{aligned} C_{i2}(\boldsymbol{T}_i, \boldsymbol{U}_i, N_i) &= (C_{Di} + C_{p1i})(N_{wi} - 1) + C_{Di} + C_{p2i} + \\ &\quad C_{fi}\sum_{j=0}^{N_{wi}-1}\int_{U_{ij}/r}^{U_{i(j+1)}/r}\lambda_{ij}(t\mid r)\mathrm{d}(t) + C_{fi}\int_{U_{iN_{wi}}/r}^{T_w}\lambda_{iN_{wi}}(t\mid r)\mathrm{d}(t) \end{aligned}$$

$$(7-9)$$

3）$r_i \leqslant r_w < r$

当 $r_i \leqslant r_w < r$ 时，有

$$\begin{aligned} C_{i3}(\boldsymbol{T}_i, \boldsymbol{U}_i, N_i) &= (C_{Di} + C_{p1i})(N_{wi} - 1) + C_{Di} + C_{p2i} + \\ &\quad C_{fi}\sum_{j=0}^{N_{wi}-1}\int_{U_{ij}/r}^{U_{i(j+1)}/r}\lambda_{ij}(t\mid r)\mathrm{d}(t) + C_{fi}\int_{U_{iN_{wi}}/r}^{U_w/r}\lambda_{iN_{wi}}(t\mid r)\mathrm{d}(t) \end{aligned}$$

$$(7-10)$$

4）$r \leqslant r_w \leqslant r_i$

当 $r \leqslant r_w \leqslant r_i$ 时，有

$$C_{i4}(\boldsymbol{T}_i, \boldsymbol{U}_i, N_i) = (C_{Di} + C_{p1i})(N_{wi} - 1) + C_{Di} + C_{p2i} +$$
$$C_{fi} \sum_{j=0}^{N_{wi}-1} \int_{T_{ij}}^{T_{i(j+1)}} \lambda_{ij}(t \mid r) \mathrm{d}(t) + C_{fi} \int_{T_{iN_{wi}}}^{T_w} \lambda_{iN_{wi}}(t \mid r) \mathrm{d}(t)$$

$$(7-11)$$

5) $r_w < r \leqslant r_i$

当 $r_w < r \leqslant r_i$ 时，有

$$C_{i5}(\boldsymbol{T}_i, \boldsymbol{U}_i, N_i) = (C_{Di} + C_{p1i})(N_{wi} - 1) + C_{Di} + C_{p2i} +$$
$$C_{fi} \sum_{j=0}^{N_{wi}-1} \int_{T_{ij}}^{T_{i(j+1)}} \lambda_{ij}(t \mid r) \mathrm{d}(t) + C_{fi} \int_{T_{iN_{wi}}}^{U_w/r} \lambda_{iN_{wi}}(t \mid r) \mathrm{d}(t)$$

$$(7-12)$$

6) $r_w \leqslant r_i < r$

当 $r_w \leqslant r_i < r$ 时，有

$$C_{i6}(\boldsymbol{T}_i, \boldsymbol{U}_i, N_i) = (C_{Di} + C_{p1i})(N_{wi} - 1) + C_{Di} + C_{p2i} +$$
$$C_{fi} \sum_{j=0}^{N_{wi}-1} \int_{U_{ij}/r}^{U_{i(j+1)}/r} \lambda_{ij}(t \mid r) \mathrm{d}(t) + C_{fi} \int_{U_{iN_{wi}}/r}^{U_w/r} \lambda_{iN_{wi}}(t \mid r) \mathrm{d}(t)$$

$$(7-13)$$

在使用率分布函数为 $G(r)$ 条件下，由式（7-8）~（7-10）可得，在 $r_i \leqslant r_w$ 情况下，部件 i 保修费用期望值为

$$C(\boldsymbol{T}_i, \boldsymbol{U}_i, N_i) = \int_0^{r_i} C_{i1}(\boldsymbol{T}_i, \boldsymbol{U}_i, N_i) \mathrm{d}G(r) + \int_{r_i}^{r_w} C_{i2}(\boldsymbol{T}_i, \boldsymbol{U}_i, N_i) \mathrm{d}G(r) +$$
$$\int_{r_w}^{+\infty} C_{i3}(\boldsymbol{T}_i, \boldsymbol{U}_i, N_i) \mathrm{d}G(r)$$

$$(7-14)$$

由式（7-11）~（7-13）可得，在 $r_i > r_w$ 情况下，部件 i 保修费用期望值为

$$C(\boldsymbol{T}_i, \boldsymbol{U}_i, N_i) = \int_0^{r_w} C_{i4}(\boldsymbol{T}_i, \boldsymbol{U}_i, N_i) \mathrm{d}G(r) + \int_{r_w}^{r_i} C_{i5}(\boldsymbol{T}_i, \boldsymbol{U}_i, N_i) \mathrm{d}G(r) +$$
$$\int_{r_i}^{+\infty} C_{i6}(\boldsymbol{T}_i, \boldsymbol{U}_i, N_i) \mathrm{d}G(r)$$

$$(7-15)$$

T_i 和 U_i 分别在 $[0, T_w]$、$[0, U_w]$ 范围内取值。当 $\boldsymbol{T}_i$ 和 $\boldsymbol{U}_i$ 取不同值时，得到的 T_i 和 U_i 不同，预防性维修总次数 N_{wi} 也不同。使 N_i 在 $[1, N_{wi}]$ 内遍历取值，通过优化（$\boldsymbol{T}_i$，$\boldsymbol{U}_i$，N_i），可以得到各部件最低保修费用为

$C^*(\boldsymbol{T}_i,\boldsymbol{U}_i,N_i)$，相应的预防性维修间隔期$(T_i^*,U_i^*)$，承制单位执行预防性维修的时机为$N_i^*$，得出各部件最优预防性维修时刻和使用度数组为：

$$\left.\begin{array}{l}\boldsymbol{T}_i^* = \left[\,T_{i1},\cdots,T_{ij},\cdots,T_{iN_{wi}}\,\right]\quad(T_{ij}=jT_i^*)\\[2mm]\boldsymbol{U}_i^* = \left[\,U_{i1},\cdots,U_{ij},\cdots,U_{iN_{wi}}\,\right]\quad(U_{ij}=jU_i^*)\end{array}\right\}\tag{7-16}$$

其中，$j=1,\ 2,\ \cdots,\ N_{wi}$。

预防性维修工作组合优化前，串联多部件保修费用计算方法是将各单部件最优保修费用相加，得到串联多部件的最优保修费用$C(T_w,U_w)$，即

$$C(T_w,U_w)=\sum_{i=1}^{S}C^*(\boldsymbol{T}_i,\boldsymbol{U}_i,N_i)\tag{7-17}$$

2. 预防性维修工作组合优化后串联多部件的保修费用

1）预防性维修工作组合优化思想

每次预防性维修需要投入固定的准备费用和准备时间。如果将各单部件预防性维修工作进行组合，对预防性维修时刻相近的各单部件在某一合适的时刻集中执行预防性维修，可以减少二维保修期内预防性维修的总次数，降低预防性维修所需投入的准备费用和准备时间。

在当前所研究的串联多部件预防性维修组合策略中，很多文献是将各单部件预防性维修间隔期进行优化，优化之后各部件预防性维修间隔期还是固定不变的。这样的优化方法，对保修期内单部件的预防性维修总次数和预防性维修周期内部件故障率都有较大影响，并且对串联多部件保修费用降低效果不佳。

本书引入预防性维修基准间隔期（T_m，U_m），通过改变各单部件预防性维修时刻数组$\boldsymbol{T}_i$和使用度数组$\boldsymbol{U}_i$中的元素，对串联多部件预防性维修工作进行组合优化。在进行优化时，将所有单部件中预防性维修时间间隔期和使用度间隔期的最小值作为串联多部件预防性维修基准间隔期，即

$$\left.\begin{array}{l}T_m=\min(T_1^*,T_2^*,\cdots,T_S^*)\\[2mm]U_m=\min(U_1^*,U_2^*,\cdots,U_S^*)\end{array}\right\}\tag{7-18}$$

在各单部件最优预防性维修时刻和使用度数组的基础上，保持其预防性维修总次数不变，承制单位执行预防性维修的时机也不变，仅对每次预防性维修时刻或使用度进行调整。

以T_m和U_m作为预防性维修的基准间隔期，将T_m和U_m的整数倍作为预防性维修工作组合优化后串联多部件预防性维修的时刻和使用度。将各单部件每次预防性维修的时间略微提前或推迟，向T_m和U_m的整数倍近似取值，得到预防性维修时刻和使用度优化后新的数组$\boldsymbol{T}_i^*$和$\boldsymbol{U}_i^*$。预防性维修间隔优

化前，各单部件多是以固定的间隔期执行周期预防性维修，而优化以后各单部件不再是等间隔地执行预防性维修，但还是在该串联多部件预防性维修的基准间隔期 T_m 和 U_m 的整数倍执行预防性维修。为了简化模型，假设对单部件执行预防性维修的准备费用 C_{Di} 等于对串联多部件执行预防性维修的准备费用 C_{Dc}，并且也认为对单部件执行预防性维修的准备时间等于对串联多部件执行预防性维修的准备时间[93]。

以时间维度预防性维修工作组合优化为例进行说明，如图 7-1 所示，串联多部件由 S 个单部件组成，部件 1 的预防性维修时间间隔最小（即 $T_m = T_1^*$）。优化后，各单部件预防性维修的总次数不变。

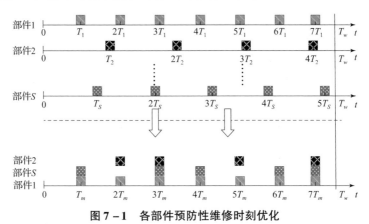

图 7-1　各部件预防性维修时刻优化

2) 预防性维修工作组合优化步骤

步骤 1：确定各单部件 i 最优预防性维修时刻和使用度数组 $\mathbf{T}_i^*$ 和 $\mathbf{U}_i^*$。计算各单部件最低保修费用 $C^*(\mathbf{T}_i, \mathbf{U}_i, N_i)$，确定对应的最优预防性维修间隔期（$T_i^*$，$U_i^*$）和承制单位预防性维修时机 N_i^*，利用式（7-16）得出各单部件 i 最优预防性维修时刻和使用度数组 $\mathbf{T}_i^*$ 和 $\mathbf{U}_i^*$；

步骤 2：确定预防性维修基准间隔期 T_m 和 U_m。比较各单部件最优预防性维修间隔期的大小，利用式（7-18）确定出 T_m 和 U_m；

步骤 3：确定预防性维修工作组合优化后，单部件最优预防性维修时刻和使用度数组 $\mathbf{T}_i^o$ 和 $\mathbf{U}_i^o$。计算优化后串联多部件中单部件 i 的预防性维修时刻和使用度，部件 i 第 j 次预防性维修的时刻和使用度分别为 T_{ij}^o 和 U_{ij}^o，即

$$T_{ij}^o = \left[\frac{T_{ij}}{T_m}\right] \times T_m \tag{7-19}$$

$$U_{ij}^o = \left[\frac{U_{ij}}{U_m}\right] \times U_m \tag{7-20}$$

其中，式（7 – 19）和式（7 – 20）中"［ * ］"表示对" * "四舍五入后取整。

由此可得，$\boldsymbol{T}_i^o$ 和 $\boldsymbol{U}_i^o$ 为

$$\left.\begin{array}{l} T_i^o = [\, T_{i1}^o, \cdots, T_{ij}^o, \cdots, T_{iN_{wi}}^o \,] \\[2mm] U_i^o = [\, U_{i1}^o, \cdots, U_{ij}^o, \cdots, U_{iN_{wi}}^o \,] \end{array}\right\} \tag{7 – 21}$$

其中，$j = 1，2，\cdots，N_{wi}$。

在步骤 3 中，如果部件 i 最后一次预防性维修时刻 $T_{iN_{wi}}^o$（或使用度 $U_{iN_{wi}}^o$）的计算结果超出保修期 T_w（或 U_w），则需要进一步处理。对于此种情况，有两种解决方法：一是直接取消最后一次预防性维修；二是将部件 i 最后一次预防性维修时间提前到保修期内预防性维修基准间隔期的最大整数倍，即

$$T_{iN_{wi}}^o = \left[\frac{T_{iN_{wi}}}{T_m} \right] \times T_m - T_m \tag{7 – 22}$$

其中，式（7 – 22）中"［ * ］"表示对" * "四舍五入后取整。

为了不改变部件 i 预防性维修的总次数，文中采用第二种方法。

按照以上步骤，得到预防性维修工作优化以后各部件 i 的预防性维修时刻数组 $\boldsymbol{T}_i^o$ 和使用度数组 $\boldsymbol{U}_i^o$。用 $\boldsymbol{T}_i^o$ 和 $\boldsymbol{U}_i^o$ 中的各元素替换 $\boldsymbol{T}_i^*$ 和 $\boldsymbol{U}_i^*$ 中的各元素，再利用串联多部件保修费用计算公式（7 – 17）得到优化以后的保修费用 $C^o(T_w, U_w)$。

7.2　可用度模型

在串联多部件保修中，每一次预防性维修，整个系统都会出现停机。串联的单部件数量越多，系统的停机次数就会越多，停机时间就越长。为了降低串联多部件的预防性维修造成的停机时间，提高产品可用度，采用组合维修的方法，将各单部件预防性维修工作进行组合优化，主要对各单部件预防性维修时间和使用度数组进行优化，优化方法与费用模型中一致。

7.2.1　模型假设与模型符号

本节采用的假设与第 7 章 7.1 节基本一致，仅对需要补充的部分进行说明：

假设预防性维修和故障后修复性维修的时间不可以忽略，均要计算为保修期内部件的停机时间。

在建立费用模型给出符号的基础上，为建立可用度模型，补充下列符号：

T_{fi}：部件 i 故障后执行 1 次最小维修的平均停机时间。

T_{p1i}：部队对部件 i 执行 1 次预防性维修的平均停机时间。

T_{p2i}：承制单位对部件 i 执行 1 次预防性维修的平均停机时间。

T_{Di}：部件 i 执行预防性维修的准备时间。

T_{Dc}：预防性维修工作组合后，对串联多部件执行预防性维修的准备时间。

$D(\boldsymbol{T}_i, \boldsymbol{U}_i, N_i)$：预防性维修工作优化前部件 i 的停机时间。

$A(\boldsymbol{T}_i, \boldsymbol{U}_i, N_i)$：预防性维修工作优化前部件 i 的可用度。

$D(T_w, U_w)$：预防性维修工作优化前串联多部件的停机时间。

$A(T_w, U_w)$：预防性维修工作优化前串联多部件的可用度。

$A^o(T_w, U_w)$：预防性维修工作优化后串联多部件的可用度。

7.2.2 模型构建

1. 预防性维修工作组合优化前串联多部件的可用度

在建立可用度模型时，保修部件故障率的变化规律与建立费用模型中一致，因此本节直接利用第 7 章 7.1 节中对部件故障率变化规律的研究结果，分析不同情况下的可用度。在研究费用模型的基础上，将每次维修的费用替换为维修的停机时间，可以得到因维修导致的停机时间。

1）$r \leqslant r_i \leqslant r_w$

当 $r \leqslant r_i \leqslant r_w$ 时，保修期内部件 i 的停机时间为

$$D_{i1}(\boldsymbol{T}_i, \boldsymbol{U}_i, N_i) = (T_{Di} + T_{p1i})(N_{wi} - 1) + T_{Di} + T_{p2i} +$$
$$T_{fi} \sum_{j=0}^{N_{wi}-1} \int_{T_{ij}}^{T_{i(j+1)}} \lambda_{ij}(t \mid r) \mathrm{d}t + T_{fi} \int_{T_{iN_{wi}}}^{T_w} \lambda_{iN_{wi}}(t \mid r) \mathrm{d}t \quad (7-23)$$

该使用率下部件 i 的期望可用度为

$$A_{i1}(\boldsymbol{T}_i, \boldsymbol{U}_i, N_i) = (T_w - D_{i1}(\boldsymbol{T}_i, \boldsymbol{U}_i, N_i))/T_w$$
$$= (T_w - ((T_{Di} + T_{p1i})(N_{wi} - 1) + T_{Di} + T_{p2i} +$$
$$T_{fi} \sum_{j=0}^{N_{wi}-1} \int_{T_{ij}}^{T_{i(j+1)}} \lambda_{ij}(t \mid r) \mathrm{d}t + T_{fi} \int_{T_{iN_{wi}}}^{T_w} \lambda_{iN_{wi}}(t \mid r) \mathrm{d}t)/T_w$$
$$(7-24)$$

2）$r_i < r \leqslant r_w$

当 $r_i < r \leqslant r_w$ 时，部件 i 的停机时间为

$$D_{i2}(\boldsymbol{T}_i, \boldsymbol{U}_i, N_i) = (T_{Di} + T_{p1i})(N_{wi} - 1) + T_{Di} + T_{p2i} +$$
$$T_{fi} \sum_{j=0}^{N_{wi}-1} \int_{U_{ij}/r}^{U_{i(j+1)}/r} \lambda_{ij}(t \mid r) \mathrm{d}t + T_{fi} \int_{U_{iN_{wi}}/r}^{T_w} \lambda_{iN_{wi}}(t \mid r) \mathrm{d}t$$
$$(7-25)$$

该使用率下部件 i 的期望可用度为

$$A_{i2}(T_i, U_i, N_i) = (T_w - D_{i2}(T_i, U_i, N_i))/T_w$$
$$= (T_w - ((T_{Di} + T_{p1i})(N_{wi} - 1) + T_{Di} + T_{p2i} +$$
$$T_{fi} \sum_{j=0}^{N_{wi}-1} \int_{U_{ij}/r}^{U_{i(j+1)}/r} \lambda_{ij}(t \mid r) \mathrm{d}t + T_{fi} \int_{U_{iN_{wi}}/r}^{T_w} \lambda_{iN_{wi}}(t \mid r) \mathrm{d}t)/T_w$$

$$(7-26)$$

3）$r_i \leqslant r_w < r$

当 $r_i \leqslant r_w < r$ 时，部件 i 的停机时间为

$$D_{i3}(\boldsymbol{T}_i, \boldsymbol{U}_i, N_i) = (T_{Di} + T_{p1i})(N_{wi} - 1) + T_{Di} + T_{p2i} +$$
$$T_{fi} \sum_{j=0}^{N_{wi}-1} \int_{U_{ij}/r}^{U_{i(j+1)}/r} \lambda_{ij}(t \mid r) \mathrm{d}t + T_{fi} \int_{U_{iN_{wi}}/r}^{U_w/r} \lambda_{iN_{wi}}(t \mid r) \mathrm{d}t$$

$$(7-27)$$

该使用率下部件 i 的期望可用度为

$$A_{i3}(\boldsymbol{T}_i, \boldsymbol{U}_i, N_i) = (U_w/r - D_{i3}(T_i, U_i, N_i))/(U_w/r)$$
$$= (U_w/r - ((T_{Di} + T_{p1i})(N_{wi} - 1) + T_{Di} + T_{p2i} +$$
$$T_{fi} \sum_{j=0}^{N_{wi}-1} \int_{U_{ij}/r}^{U_{i(j+1)}/r} \lambda_{ij}(t \mid r) \mathrm{d}t + T_{fi} \int_{U_{iN_{wi}}/r}^{U_w/r} \lambda_{iN_{wi}}(t \mid r) \mathrm{d}t)/(U_w/r)$$

$$(7-28)$$

4）$r \leqslant r_w \leqslant r_i$

当 $r \leqslant r_w \leqslant r_i$ 时，部件 i 的停机时间为

$$D_{i4}(\boldsymbol{T}_i, \boldsymbol{U}_i, N_i) = (T_{Di} + T_{p1i})(N_{wi} - 1) + T_{Di} + T_{p2i} +$$
$$T_{fi} \sum_{j=0}^{N_{wi}-1} \int_{T_{ij}}^{T_{i(j+1)}} \lambda_{ij}(t \mid r) \mathrm{d}t + T_{fi} \int_{T_{iN_{wi}}}^{T_w} \lambda_{iN_{wi}}(t \mid r) \mathrm{d}t \quad (7-29)$$

该使用率下部件 i 的期望可用度为

$$A_{i4}(\boldsymbol{T}_i, \boldsymbol{U}_i, \boldsymbol{N}_i) = (T_w - D_{i4}(T_i, U_i, N_i))/T_w$$
$$= (T_w - ((T_{Di} + T_{p1i})(N_{wi} - 1) + T_{Di} + T_{p2i} +$$
$$T_{fi} \sum_{j=0}^{N_{wi}-1} \int_{T_{ij}}^{T_{i(j+1)}} \lambda_{ij}(t \mid r) \mathrm{d}t + T_{fi} \int_{T_{iN_{wi}}}^{T_w} \lambda_{iN_{wi}}(t \mid r) \mathrm{d}t)/T_w$$

$$(7-30)$$

5）$r_w < r \leqslant r_i$

当 $r_w < r \leqslant r_i$ 时，部件 i 的停机时间为

$$D_{i5}(\boldsymbol{T}_i, \boldsymbol{U}_i, N_i) = (T_{Di} + T_{p1i})(N_{wi} - 1) + T_{Di} + T_{p2i} +$$

$$T_{fi}\sum_{j=0}^{N_{wi}-1}\int_{T_{ij}}^{T_{i(j+1)}}\lambda_{ij}(t \mid r)\,\mathrm{d}t + T_{fi}\int_{T_{iN_{wi}}}^{U_w/r}\lambda_{iN_{wi}}(t \mid r)\,\mathrm{d}t \quad (7-31)$$

该使用率下部件 i 的期望可用度为

$$A_{i5}(\boldsymbol{T}_i, \boldsymbol{U}_i, N_i) = (U_w/r - D_{i5}(\boldsymbol{T}_i, \boldsymbol{U}_i, N_i))/(U_w/r)$$

$$= (U_w/r - ((T_{Di} + T_{p1i})(N_{wi} - 1) + T_{Di} + T_{p2i} +$$

$$T_{fi}\sum_{j=0}^{N_{wi}-1}\int_{T_{ij}}^{T_{i(j+1)}}\lambda_{ij}(t \mid r)\,\mathrm{d}t + T_{fi}\int_{T_{iN_{wi}}}^{U_w/r}\lambda_{iN_{wi}}(t \mid r)\,\mathrm{d}t)/(U_w/r)$$

$$(7-32)$$

6) $r_w \leqslant r_i < r$

当 $r_w \leqslant r_i < r$ 时，部件 i 的停机时间为

$$D_{i6}(\boldsymbol{T}_i, \boldsymbol{U}_i, \boldsymbol{N}_i) = (T_{Di} + T_{p1i})(N_{wi} - 1) + T_{Di} + T_{p2i} +$$

$$T_{fi}\sum_{j=0}^{N_{wi}-1}\int_{U_{ij}/r}^{U_{i(j+1)}/r}\lambda_{ij}(t \mid r)\,\mathrm{d}t + T_{fi}\int_{U_{iN_{wi}}/r}^{U_w/r}\lambda_{iN_{wi}}(t \mid r)\,\mathrm{d}t$$

$$(7-33)$$

该使用率下部件 i 的期望可用度为

$$A_{i6}(\boldsymbol{T}_i, \boldsymbol{U}_i, N_i) = (U_w/r - D_{i6}(\boldsymbol{T}_i, \boldsymbol{U}_i, N_i))/(U_w/r)$$

$$= (U_w/r - ((T_{Di} + T_{p1i})(N_{wi} - 1) + T_{Di} + T_{p2i} +$$

$$T_{fi}\sum_{j=0}^{N_{wi}-1}\int_{U_{ij}/r}^{U_{i(j+1)}/r}\lambda_{ij}(t \mid r)\,\mathrm{d}t + T_{fi}\int_{U_{iN_{wi}}/r}^{U_w/r}\lambda_{iN_{wi}}(t \mid r)\,\mathrm{d}t)/(U_w/r)$$

$$(7-34)$$

部件 i 的使用率分布函数为 $G(r)$，则在 $r_i \leqslant r_w$ 情况下，由式（7-24）、式（7-26）、式（7-28）可得，保修期内部件可用度期望值为

$$A(\boldsymbol{T}_i, \boldsymbol{U}_i, N_i) = \int_0^{r_i}A_{i1}(\boldsymbol{T}_i, \boldsymbol{U}_i, N_i)\,\mathrm{d}G(r) + \int_{r_i}^{r_w}A_{i2}(\boldsymbol{T}_i, \boldsymbol{U}_i, N_i)\,\mathrm{d}G(r) +$$

$$\int_{r_w}^{+\infty}A_{i3}(\boldsymbol{T}_i, \boldsymbol{U}_i, N_i)\,\mathrm{d}G(r) \quad (7-35)$$

在 $r_i > r_w$ 情况下，由式（7-30）、式（7-32）、式（7-34）可得，部件可用度期望值为

$$A(\boldsymbol{T}_i, \boldsymbol{U}_i, N_i) = \int_0^{r_w}A_{i4}(\boldsymbol{T}_i, \boldsymbol{U}_i, N_i)\,\mathrm{d}G(r) + \int_{r_w}^{r_i}A_{i5}(\boldsymbol{T}_i, \boldsymbol{U}_i, N_i)\,\mathrm{d}G(r) +$$

$$\int_{r_i}^{+\infty}A_{i6}(\boldsymbol{T}_i, \boldsymbol{U}_i, N_i)\,\mathrm{d}G(r) \quad (7-36)$$

T_i 和 U_i 分别在 $[0, T_w]$、$[0, U_w]$ 范围内以一定的步长进行取值，得

到不同的 $\boldsymbol{T}_i$ 和 $\boldsymbol{U}_i$，通过 T_i、U_i 和 N_i 的变化，可以得到二维保修期内部件 i 的最大可用度 $A^*(\boldsymbol{T}_i, \boldsymbol{U}_i, N_i)$，以及相应的预防性维修间隔期 (T_i^*, U_i^*) 和承制单位执行预防性维修的时机 N_i^*，并得出各部件最优预防性维修时刻数组 $\boldsymbol{T}_i^*$ 和使用度数组 $\boldsymbol{U}_i^*$。

对于串联多部件，当任何一个单部件故障时，整个串联多部件发生故障。同时，在模型假设中已经说明，各单部件不同时出现故障，即保修期内任一时刻最多只有一个部件出现故障。因此，可知串联多部件可用度为

$$A(T_w, U_w) = 1 - \sum_{i=1}^{S}(1 - A^*(\boldsymbol{T}_i, \boldsymbol{U}_i, N_i)) \qquad (7-37)$$

2. 预防性维修工作组合优化后串联多部件的可用度

各部件 i 预防性维修时刻或使用度的优化步骤与保修费用中的相同，不再赘述。在得到优化以后部件 i 的预防性维修时刻数组 $\boldsymbol{T}_i^o$ 和使用度数组 $\boldsymbol{U}_i^o$ 后，再利用串联多部件可用度计算公式（7-37）得到优化以后的可用度 $A^o(T_w, U_w)$。

7.3　案例分析

已知批量列装部队的某型号防空导弹武器系统，其导弹发射车中的动力装置属于二维保修串联多部件，可看作由 3 个单部件组成。保修期内，由部队和承制单位对各单部件执行联合预防性保修。但由于每次执行预防性维修都需要一定的维修准备费用，频繁地执行预防性维修会增加保修费用，经济上非常不划算。为了能够降低保修费用，对该动力装置中各单部件的预防性维修工作进行组合优化，减少预防性维修的总次数。该动力装置的保修期为 3 年、1.8×10^4 km，在批量列装的该型号防空导弹武器系统中，该动力装置的使用率服从尺度参数为 $\alpha = 5$、形状参数为 $\beta = 2$ 的双参数威布尔分布，其余参数如表 7-2 所示。

表 7-2　参数设置

部件	θ_0，θ_1，θ_2，θ_3	δ_1	δ_2	C_{fi}/元	C_{p1i}/元	C_{p2i}/元	C_{Di}/元
部件 1	1.1，0.9，1.2，1.1	0.9	0.7	600	1 500	2 300	500
部件 2	0.8，1.1，1.5，1.8	0.75	0.5	800	2 000	2 800	500
部件 3	1.1，0.9，1.2，0.8	0.7	0.4	650	1 800	2 600	500

在预防性维修工作组合前，预防性维修较为频繁，保修费用较高。利用提出的预防性维修工作组合优化方法进行求解，将优化前后保修费用的结果进行对比。

1. 求解计算

使用 MATLAB 软件对费用模型求解，通过计算，可得该动力装置预防性维修工作组合优化前后的最优保修费用的对比结果，如表 7-3 所示。

表 7-3　预防性维修组合优化前后的最低保修费用

部件	T_i^*/年	U_i^*/km	N_i^*	$C^*(T_i, U_i, N_i)/\times 10^4$ 元	$C^*(T_w, U_w)/\times 10^4$ 元	T_m/年	$U_m/\times 10^4$ km	$C^o(T_w, U_w)/\times 10^4$ 元	变化率
部件 1	0.6	0.47	2	2.309 5					
部件 2	0.42	0.31	3	3.278 3	7.319 6	0.42	0.31	7.091 5	-3.12%
部件 3	0.78	0.47	2	1.731 8					

由表 7-3 可知，如果对各单部件的预防性维修工作没有进行组合，串联多部件的保修费用为 $7.319\ 6 \times 10^4$ 元；按照提出的组合优化方法对各单部件预防性维修工作进行组合，串联多部件的保修费用为 $7.091\ 5 \times 10^4$ 元，比优化之前降低了 3.12%，则该策略可以降低串联多部件保修费用。

但是，与优化前相比，各单部件预防性维修不再是周期性的，而是在基准预防性维修间隔 T_m 和 U_m 的整数倍执行，需要按照预防性维修计划执行。在保修时间期限内，一共执行 7 次预防性维修（$\lfloor T_w/T_m \rfloor = 7$）；在保修使用度期限内，一共执行 5 次预防性维修（$\lfloor U_w/U_m \rfloor = 5$）。在不同使用率下，各部件预防性维修时刻和使用度如表 7-4、表 7-5 所示，表中 "+" 表示在该时刻由部队执行预防性维修；"Δ" 表示在该时刻由承制单位执行预防性维修；"-" 表示在该时刻不执行预防性维修。

表 7-4　各部件预防性维修时刻

部件	r	T_m	$2T_m$	$3T_m$	$4T_m$	$5T_m$	$6T_m$	$7T_m$
部件 1	$r \le 0.78$	+	-	Δ	+	-	+	+
部件 2	$r \le 0.73$	+	+	Δ	+	+	+	+
部件 3	$r \le 0.6$	-	+	-	Δ	-	+	-

表 7 – 5　各部件预防性维修使用度

部件	r	U_m	$2U_m$	$3U_m$	$4U_m$	$5U_m$
部件 1	$r \leqslant 0.78$	–	+	Δ	–	+
部件 2	$r \leqslant 0.73$	+	+	Δ	+	+
部件 3	$r \leqslant 0.6$	–	+	Δ	–	+

由表 7 – 4、表 7 – 5 中的结果可以看出，在不同使用率下，该动力装置中 3 个单部件均是在时间维度或使用度维度按照一定的间隔执行预防性维修工作，该结果可为制定动力装置联合预防性保修方案提供参考依据。

2. 结果分析

该策略中提出的预防性维修工作组合优化方法，主要是通过将各单部件执行预防性维修的相近时机进行组合，以减少预防性维修总次数，从而降低预防性维修准备费用的总和。因此，预防性维修准备费用对于保修费用具有较大影响。下面，分析 C_{Di} 对保修费用 $C^o(T_w, U_w)$ 的影响。使 C_{Di} 在 $300 \sim 700$ 元变化，其余参数保持不变，其保修费用结果如表 7 – 6 所示。

表 7 – 6　不同 C_{Di} 条件下的保修费用

C_{Di}	优化前			优化后			$\Delta C_{p总}$	$\Delta C_{f总}$	ΔC (T_w, U_w)
	$C_{p总}$	$C_{f总}$	C^* (T_w, U_w)	$C_{p总}$	$C_{f总}$	C^o (T_w, U_w)			
300	1.393 8	5.780 8	7.174 6	1.185 2	5.805 3	6.990 5	– 14.97%	0.42%	– 2.57%
400	1.466 3	5.780 8	7.247 1	1.235 7	5.805 3	7.041 0	– 15.73%	0.42%	– 2.84%
500	1.538 8	5.780 8	7.319 6	1.286 2	5.805 3	7.091 5	– 16.42%	0.42%	– 3.12%
600	1.611 3	5.780 8	7.392 1	1.336 7	5.805 3	7.142 0	– 17.04%	0.42%	– 3.38%
700	1.683 8	5.780 8	7.464 6	1.387 2	5.805 3	7.192 5	– 17.61%	0.42%	– 3.65%

由表 7 – 6 知，该优化方法对该串联多部件修复性维修总费用改变较小，对预防性维修总费用改变较大，并且预防性维修准备费用越大，优化策略对保修费用的降低效果越明显。

7.4　本章小结

在对关键部件联合预防性保修策略研究的基础上，本章将研究对象从单部件扩展到串联多部件，建立二维保修期内串联多部件联合预防性保修决策模型。针对二维保修串联多部件，从减少串联多部件预防性维修总次数的角度考虑，进行预防性维修工作组合优化，以降低预防性维修费用。引入预防性维修基准间隔期，提出二维保修串联多部件预防性维修工作组合优化方法，并建立了相应的优化步骤。通过案例分析，对比了预防性维修组合优化前后的保修费用，验证了所提出方法的有效性，并分析了预防性维修准备费用对串联多部件保修费用的影响。本章的研究成果，可以为某新型防空导弹武器系统制定完整的联合预防性保修方案提供技术支持。

第8章

复杂产品二维延伸保修决策模型

在前面几章的研究中，所采取的保修策略均为初始保修策略。本章将继续讨论复杂产品二维延伸保修决策模型的建立方法。本章在二维延伸保修故障率函数分析基础上，建立考虑不完全预防性维修的二维延伸保修费用和可用度模型，分别在部分外包和完全外包模式下对决策模型进行分析，结合案例提出延伸保修期及价格决策方案。

8.1 模型构建

8.1.1 模型描述与模型假设

1. 模型描述

在二维延伸保修策略下，假设系统的初始保修期为 W（时间）和 U（使用度），延伸保修期限为 W_e（时间）和 U_e（使用度），其中 $r_w = U/W$，$r_e = U_e/W_e$，可以看作是初始保修区域和延伸保修区域的形状参数。根据初始保修和延伸保修区域形状参数的关系不同，延伸保修决策模型也略有差别，可将两者关系分两种情况讨论：①$r_w \geqslant r_e$；②$r_w < r_e$，如图 8 – 1 所示。

当 $r_w \geqslant r_e$ 时，在系统使用率为 r 的情况下，假设初始保修和延伸保修结束时刻分别为 W_r 和 K_r，由图 8 – 1（a）可以看出，根据 r 的变化情况，W_r 和 K_r 的取值分为以下 3 种情况：

$$\begin{cases} W_r = W, K_r = W_e & (0 < r \leqslant r_e) \\ W_r = W, K_r = U_e/r & (r_e < r \leqslant r_w) \\ W_r = U/r, K_r = U_e/r & (r_w < r) \end{cases} \quad (8-1)$$

对应地，当 $r_w < r_e$ 时，在系统使用率为 r 的情况下，由图 8 – 1（b）可以看出，根据 r 的变化情况，W_r 和 K_r 的取值分为以下 3 种情况：

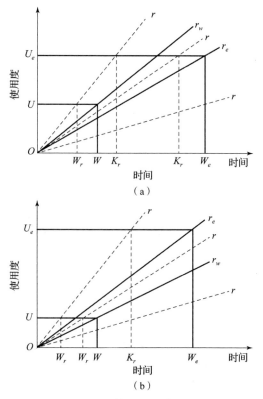

图 8 - 1　不同情况下延伸保修期限

（a）$r_w \geqslant r_e$；（b）$r_w < r_e$

$$\begin{cases} W_r = W, K_r = W_e & (0 < r \leqslant r_w) \\ W_r = U/r, K_r = W_e & (r_w < r \leqslant r_e) \\ W_r = U/r, K_r = U_e/r & (r_e < r) \end{cases} \tag{8-2}$$

2. 模型假设

①在初始保修期内，由于系统工作时间较短，故障率不高，所以针对故障采用最小维修。在延伸保修期内采用周期性不完全预防性维修，故障采用最小维修。

②研究对象为二维延伸保修系统。

其余模型假设与模型符号的含义，与一维延伸保修决策模型相同。

8.1.2　延伸保修费用模型

系统在延伸保修期内进行周期为 T 的不完全预防性维修，延伸保修费用包括故障维修费用和预防性维修费用。当系统使用率为 r 时，系统的延伸保修

费用 $EC_r(T,W_r,K_r)$ 可表示为

$$EC_r(T,W_r,K_r) = n_r C_p + \sum_{i=1}^{n_r} EC_{fi}|_r(T) + EC_{fi}|_r[W_r + n_r(T + T_p),K_r]$$

$$(8-3)$$

式中，n_r 表示使用率为 r 时的预防性维修次数；$EC_{fi}|_r(T)$ 为使用率为 r 时第 i 个预防性维修间隔期内的故障维修费用期望值；$EC_{fi}|_r[W_r + n_r(T + T_p),K_r]$ 为使用率为 r 时间 $[W_r + n_r(T + T_p),K_r]$ 内的故障维修费用期望值。

由于在延伸保修期内进行周期性不完全预防性维修，所以 n_r 可表示为

$$n_r = \begin{cases} \lfloor (K_r - W_r)/(T + T_p) \rfloor & [(K_r - W_r)/(T + T_p)] \notin \mathrm{int} \\ (K_r - W_r)/(T + T_p) - 1 & [(K_r - W_r)/(T + T_p)] \in \mathrm{int} \end{cases} \quad (8-4)$$

与一维延伸保修情况下类似，在经过第 i 次不完全预防性维修后系统虚拟工龄可表示为

$$\left. \begin{aligned} v_i^r &= (1 - \alpha)(W_r + iT) \\ v_0 &= W_r \end{aligned} \right\} \quad (8-5)$$

在此基础上，可得到在第 i 个不完全预防性维修间隔期内系统故障次数 $EN_i|_r(T)$ 为

$$EN_i|_r(T) = \int_{v_{i-1}^t}^{v_{i-1}^t + T} h(t;\alpha(r))\,\mathrm{d}t = H(v_{i-1}^r + T;\alpha(r)) - H(v_{i-1}^r;\alpha(r))$$

$$(8-6)$$

因此，第 i 个不完全预防性维修间隔期内系统故障维修费用可表示为

$$EC_{fi}|_r(T) = C_f EN_i|_r(T) = C_f[H(v_{i-1}^r + T;\alpha(r)) - H(v_{i-1}^r;\alpha(r))]$$

$$(8-7)$$

类似的，在 $EC_{fi}|_r[W_r + n_r(T + T_p),K_r]$ 时间内的系统故障次数可表示为：

$$EN_{(n_r+1)}(k_r) = \int_{v_{n_r}^r}^{v_{n_r}^r + k_r} h(t;\alpha(r))\,\mathrm{d}t = H(v_{n_r}^r + k_r;\alpha(r)) - H(v_{n_r}^r;\alpha(r))$$

$$(8-8)$$

其中，$k_r = K_r - W_r - n_r(T + T_p)$ 为最后一次预防性维修结束至延伸保修期的时间长度。因此，在 $EC_{fi}|_r[W_r + n_r(T + T_p),K_r]$ 时间内系统故障费用可表示为

$$EC_{fi}|_r[W_r + n_r(T + T_p),K_r] = C_f EN_{(n_r+1)}(k_r) = C_f[H(v_{n_r}^r + k_r;\alpha(r)) - H(v_{n_r}^r;\alpha(r))]$$

$$(8-9)$$

将式（8-3）~式（8-8）带入式（8-9）中，可得使用率为 r 时，以 T 为周期进行不完全预防性维修下系统延伸保修费用表达式为

$$EC_r(T,W_r,K_r) = n_r C_p + \sum_{i=1}^{n_r} C_f \int_{v_{i-1}^r}^{v_{i-1}^r+T} h(t;\alpha(r))\,\mathrm{d}t + C_f \int_{v_{n_r}^r}^{v_{n_r}^r+k_r} h(t;\alpha(r))\,\mathrm{d}t$$

$$= n_r C_p + \sum_{i=1}^{n_r} \left\{ C_f \left[H(v_{i-1}^r + T;\alpha(r)) - H(v_{i-1}^r;\alpha(r)) \right] \right\} +$$

$$C_f \left[H(v_{n_r}^r + k_r;\alpha(r)) - H(v_{n_r}^r;\alpha(r)) \right]$$

$$(8-10)$$

8.1.3　可用度模型

与一维延伸保修情况类似，当使用率为 r 时，二维延伸保修下系统在延伸保修期内的可用度 $EA_r(T,W_r,K_r)$ 可表示为

$$EA_r(T,W_r,K_r) = \frac{(K_r - W_r) - ED_r(T,W_r,K_r)}{K_r - W_r} \qquad (8-11)$$

$ED_r(T,W_r,K_r)$ 表示延伸保修期内停机时间，包括故障停机和预防性维修停机时间。$ED_r(T,W_r,K_r)$ 与 $EC_r(T,W_r,K_r)$ 有类似的表示，只需用 T_p 和 T_f 代替 C_p 和 C_f，由此可得在延伸保修期内，系统期望停机时间为

$$ED_r(T,W_r,K_r) = n_r T_p + \sum_{i=1}^{n_r} ET_{fi}|_r(T) + ET_{fi}|_r[W_r + n_r(T+T_p),K_r]$$

$$(8-12)$$

式中，$ET_{fi}|_r(T)$ 表示使用率为 r 时第 i 个预防性维修间隔期内的系统故障停机时间期望值；$ET_{fi}|_r[W_r + n_r(T+T_p),K_r]$ 表示使用率为 r 时时间 $[W_r + n_r(T+T_p),K_r]$ 内的系统故障停机时间期望值。

在式（8-12）的基础上可得在第 i 个预防性维修间隔期内系统期望故障停机时间为

$$ET_{fi}|_r(T) = T_f EN_i|_r(T) = T_f \left[H(v_{i-1}^r + T;\alpha(r)) - H(v_{i-1}^r;\alpha(r)) \right]$$

$$(8-13)$$

同理，在 $[W_r + n_r(T+T_p),K_r]$ 时间内系统期望故障停机时间可表示为

$$ET_{fi}|_r[W_r + n_r(T+T_p),K_r] = T_f EN_{(n_r+1)}(k_r)$$

$$= T_f \left[H(v_{n_r}^r + k_r;\alpha(r)) - H(v_{n_r}^r;\alpha(r)) \right] \qquad (8-14)$$

将式（8-12）和式（8-13）带入式（8-14）中，可得在使用率 r 下，延伸保修期内系统期望停机时间可表示为

$$ED_r(T,W_r,K_r) = n_r T_p + \sum_{i=1}^{n_r} \left\{ \begin{array}{l} T_f[H(v_{i-1}^r + T;\alpha(r)) - \\ H(v_{i-1}^r;\alpha(r))] \end{array} \right\} + T_f \left[\begin{array}{l} H(v_{n_r}^r + k_r;\alpha(r)) - \\ H(v_{n_r}^r;\alpha(r)) \end{array} \right]$$

$$(8-15)$$

因此，系统在延伸保修期内的期望可用度可表示为

$$EA_r(T,W_r,K_r) = \frac{(K_r - W_r) - ED_r(T,W_r,K_r)}{K_r - W_r}$$

$$= 1 - \frac{1}{K_r - W_r}\left\{ n_r T_p + \sum_{i=1}^{n_r}\left\{ \begin{matrix} T_f[H(v_{i-1}^r + T;\alpha(r)) - \\ H(v_{i-1}^r;\alpha(r))] \end{matrix}\right\} + \right.$$

$$\left. T_f\begin{bmatrix} H(v_{n_r}^r + k_r;\alpha(r)) - \\ H(v_{n_r}^r;\alpha(r)) \end{bmatrix}\right\}$$

$$(8-16)$$

8.2　模型解析

8.2.1　部分外包型

如上所述，在部分外包型延伸保修模式下，延伸保修期确定与军队形成自主维修能力周期等因素有关，并不是模型决策变量，在模型优化过程中可事先给定。通常，适用于部分外包模式系统所属产品列装数量较多，而各产品的实际使用率均有所差异，针对单个产品制定延伸保修策略在技术和管理上都十分复杂，需要承担巨大的管理费用。为方便实施和管理延伸保修，需要统一制定延伸保修策略，确定合理的预防性维修间隔期，使得不同使用率下的系统整体上满足军方可用度要求并保证延伸保修工作经济性。上文构建了在使用率为 r 的情况下系统的延伸保修费用和可用度模型，假设系统使用率分布概率密度函数为 $g(r)$，系统使用率分布可通过以下方法得出：统计分析初始保修期内的系统使用情况；统计分析类似产品的使用情况；根据部队训练计划进行推算。因此，在不完全预防性维修下系统的平均延伸保修费用可表示为

$$EC(T,W,W_e) = \int_0^\infty EC_r(T,W_r,K_r)g(r)\mathrm{d}r$$

$$= \int_0^\infty \left\{ n_r C_p + \sum_{i=1}^{n_r}\left\{ \begin{matrix} C_f[H(v_{i-1}^r + T;\alpha(r)) - \\ H(v_{i-1}^r;\alpha(r))] \end{matrix}\right\} + \right.$$

$$\left. C_f\begin{bmatrix} H(v_{n_r}^r + k_r;\alpha(r)) - \\ H(v_{n_r}^r;\alpha(r)) \end{bmatrix}\right\}g(r)\mathrm{d}r \qquad (8-17)$$

同理可得，在不完全预防性维修下系统的平均可用度可表示为

$$EA(T,W,W_e) = \int_0^\infty EA_r(T,W_r,K_r)g(r)\mathrm{d}r$$

$$= \int_0^\infty \left\{ 1 - \frac{1}{K_r - W_r} \left\{ n_r T_p + \sum_{i=1}^{n_r} \left\{ \begin{matrix} T_f \big[H(v_{i-1}^r + T;\alpha(r)) - \\ H(v_{i-1}^r;\alpha(r)) \big] \end{matrix} \right\} + \right. \right. \left. \left. T_f \begin{bmatrix} H(v_{n_r}^r + k_r;\alpha(r)) - \\ H(v_{n_r}^r;\alpha(r)) \end{bmatrix} \right\} \right\} g(r)\mathrm{d}r$$

$$(8-18)$$

由此可得部分外包模式下延伸保修费用优化模型如下

$$\begin{cases} \min EC(T,W,W_e) \\ \mathrm{s.\,t.} \\ EA(T,W,W_e) \geqslant A_0 \end{cases} \qquad (8-19)$$

其中，A_0 是军方对系统平均可用度的要求。通过求解优化模型可得最优的预防性维修间隔期 T^*。系统延伸保修周期的平均长度为

$$S = \int_0^\infty (K_r - W_r)g(r)\mathrm{d}r \qquad (8-20)$$

因此，系统延伸保修价格为

$$P_{EW}(W,W_e) = EC(T^*,W,W_e) + pS \qquad (8-21)$$

8.2.2 完全外包型

与一维延伸保修情况类似，在完全外包型延伸保修模式下，需要同时决策延伸保修期及价格，且在延伸保修结束时，还要涉及对系统的更换问题，因此，系统更换费用（即价格）对延伸保修期决策也有很大影响。如上所述，二维延伸保修策略下系统更换费用可表示为：

$$C_{re} = C_0 + EC(W,U) + P_0 \qquad (8-22)$$

其中，$EC(W,U)$ 初始保修费用。由于系统使用率分布概率密度函数为 $g(r)$，所以系统初始保修费用可表示为

$$EC(W,U) = \int_0^\infty EC_r(W_r,U)g(r)\mathrm{d}r$$

$$= \int_0^{r_w} \left[C_f \int_0^W h(t;\alpha(r))\mathrm{d}t \right] g(r)\mathrm{d}r + \int_{r_w}^\infty \left[C_f \int_0^{U/r} h(t;\alpha(r))\mathrm{d}t \right] g(r)\mathrm{d}r$$

$$(8-23)$$

其中，$EC_r(W_r,U)$ 为使用率 r 时的系统初始保修费用。

由于适用于完全外包型延伸保修模式的系统所属产品通常来说列装数量较少，或系统本身技术结构复杂，价值也较高，且完全外包模式是一种全寿

命延伸保修，军方延伸保修费用不易管理控制。因此，为保证延伸保修的经济性和有效性，有必要对不同使用率下的系统分别进行延伸保修周期和价格决策。此时，延伸保修区域如图 8-2 所示，图中曲线即代表不同使用率下的延伸保修期界限。

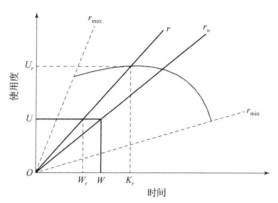

图 8-2　完全外包模式下延伸保修区域

在完全外包模式下的延伸保修费用和可用度模型与部分外包模式下类似，只需用 T_r 代替 T 即可，表示不同使用率 r 下的预防性维修间隔期 T_r 也会相应地发生变化。根据式（5-17）可得完全外包模式下系统二维延伸保修费用模型为

$$EC_r(T_r, W_r, K_r) = n_r C_p + \sum_{i=1}^{n_r} C_f \int_{v_{i-1}^r}^{v_{i-1}^r + T_r} h(t; \alpha(r)) \mathrm{d}t + C_f \int_{v_{n_r}^r}^{v_{n_r}^r + k_r} h(t; \alpha(r)) \mathrm{d}t$$

$$= n_r C_p + \sum_{i=1}^{n_r} \left\{ C_f [H(v_{i-1}^r + T_r; \alpha(r)) - H(v_{i-1}^r; \alpha(r))] \right\} +$$

$$C_f [H(v_{n_r}^r + k_r; \alpha(r)) - H(v_{n_r}^r; \alpha(r))]$$

$$(8-24)$$

此时，K_r 为决策变量，W_r 的取值可分为以下两种情况

$$\begin{cases} W_r = W & (0 < r \leqslant r_w) \\ W_r = U/r & (r_w < r < \infty) \end{cases} \qquad (8-25)$$

同理可得，完全外包模式下系统二维延伸保修可用度模型为

$$EA_r(T_r, W_r, K_r) = \frac{(K_r - W_r) - ED_r(T_r, W_r, K_r)}{K_r - W_r}$$

$$= 1 - \frac{1}{K_r - W_r} \left\{ n_r T_p + \sum_{i=1}^{n_r} \left\{ \begin{matrix} T_f [H(v_{i-1}^r + T_r; \alpha(r)) - \\ H(v_{i-1}^r; \alpha(r))] \end{matrix} \right\} + \right.$$

$$\left. T_f \begin{bmatrix} H(v_{n_r}^r + k_r; \alpha(r)) - \\ H(v_{n_r}^r; \alpha(r)) \end{bmatrix} \right\}$$

$$(8-26)$$

考虑延伸保修费用和更换费用，可得系统在使用寿命周期内的单位时间费用为

$$C_{avg}^r(T_r, K_r) = \frac{EC_r(T_r, W_r, K_r) + p(K_r - W_r) + C_{re}}{K_r}$$

$$= \frac{n_r C_p + \sum_{i=1}^{n_r}\left\{C_f\left[\begin{array}{l}H(v_{i-1}^r + T_r; \alpha(r)) - \\ H(v_{i-1}^r; \alpha(r))\end{array}\right]\right\} + C_f\left[\begin{array}{l}H(v_{n_r}^r + k_r; \alpha(r)) - \\ H(v_{n_r}^r; \alpha(r))\end{array}\right] + p(K_r - W_r) + C_{re}}{K_r}$$

$$(8-27)$$

在保证系统可用度的基础上，使系统使用寿命内单位时间费用最小，可得如下二维延伸保修决策优化模型：

$$\begin{cases} \min C_{avg}^r(T_r, K_r) \\ \text{s. t.} \\ EA_r(T_r, W_r, K_r) \geqslant A_0 \end{cases} \qquad (8-28)$$

通过求解优化模型可得不同使用率 r 下最优延伸保修周期 K_r^* 及最优预防性维修间隔期 T_r^*。因此，此时延伸保修价格可表示为：

$$P_{EW}(W, W_e) = EC(T_r^*, W_r, K_r^*) + p(K_r^* - W_r) \qquad (8-29)$$

8.2.3 模型求解方法

根据以上分析可知，在部分外包型延伸保修模式下，要基于系统使用率分布计算出最优预防性维修间隔期，进而优化延伸保修费用，提高系统可用度，在此基础上制定延伸保修价格，以满足军地双方利益需求。

当 $r \leqslant \min(r_w, r_e)$ 时，由于 W_r 和 K_r 的值固定，即当设定预防性维修间隔期 T 后，预防性维修次数 n_r 可以确定，与使用率无关。因此，利用 Matlab 符号函数等编程计算容易得到延伸保修费用和可用度值。

当 $r > \min(r_w, r_e)$ 时，此时 W_r 或 K_r 的值在不同使用率 r 下是不断变化的，因此预防性维修次数 n_r 也会随使用率变化。在这种情况下，很难直接利用工具编程求解模型。为此，用以下近似算法来求解模型以得到延伸保修费用和可用度。

假设系统使用率分布函数为 $G(r)$，取值区间为 $[r_l, r_u]$，$r_l < \min(r_w, r_e) < r_u$。将区间 $[\min(r_w, r_e), r_u]$ 平均划分为 N 个子区间，一般来说 N 越大，计算结果越精确。N 个子区间分别表示为 $[r_{i-1}, r_i]$，$i = 1, 2, \cdots, N$，则 r_i 可表示为如下形式：

$$r_i = \min(r_w, r_e) + i \times \frac{r_u - \min(r_w, r_e)}{N} \qquad (i = 1, 2, \cdots, N) \qquad (8-30)$$

其中，$r_0 = \min(r_w, r_e)$。每个子区间 $[r_{i-1}, r_i)$ 所对应的平均使用率可表示为

$$\overline{r_i} = \int_{r_{i-1}}^{r_i} \frac{sg(s)}{G(r_i) - G(r_{i-1})} \mathrm{d}s \qquad (8-31)$$

此外，在给定产品使用率分布函数后，第 i 个使用率子区间对应的概率 P_i 为

$$P_i = G(r_i) - G(r_{i-1}) \qquad (8-32)$$

此时，在使用率区间 $[r_{i-1}, r_i)$ 内，可以平均使用率 $\overline{r_i}$ 近似计算，即 $W_r = W_{\overline{r_i}}$，$K_r = K_{\overline{r_i}}$。那么，在进行模型数值计算优化时，$EC(T, W, W_e)$ 可表示为

$$
\begin{aligned}
EC(T, W, W_e) &= \int_0^\infty EC_r(T, W_r, K_r) g(r) \mathrm{d}r \\
&= \int_{r_l}^{\min(r_w, r_e)} EC_r(T, W_r, K_r) \mathrm{d}G(r) + \sum_{i=1}^{N} P_i EC_{\overline{r_i}}(T, W_{\overline{r_i}}, K_{\overline{r_i}})
\end{aligned}
$$

$$(8-33)$$

同理，在进行模型数值计算优化时，$EA(T, W, W_e)$ 可表示为

$$
\begin{aligned}
EA(T, W, W_e) &= \int_0^\infty EA_r(T, W_r, K_r) g(r) \mathrm{d}r \\
&= \int_{r_l}^{\min(r_w, r_e)} EA_r(T, W_r, K_r) \mathrm{d}G(r) + \sum_{i=1}^{N} P_i EA_{\overline{r_i}}(T, W_{\overline{r_i}}, K_{\overline{r_i}})
\end{aligned}
$$

$$(8-34)$$

在以上分析的基础上，运用 Matlab 编程求解优化模型，采用网格搜索算法逐点计算延伸保修费用和可用度，通过比较得到最优预防性维修间隔期。在此基础上确定合理的延伸保修价格。

如上所述，在完全外包型延伸保修模式下，由于是在不同使用率 r 下分别决策延伸保修期及价格决策方案，所以可在不同使用率下直接采取网格搜索算法分别求解优化模型，在保证系统可用度情况下，得到系统使用寿命内的单位时间费用最小值以及对应的延伸保修期限 (K_r^*, U_r^*)，在此基础上确定不同使用率下系统合理的延伸保修价格。

8.3　案例分析

本节以某新型自行火炮产品发动机系统为例，对本章所建立的优化模型进行应用分析。发动机系统为自行火炮动力源，功能和地位重要。由于其结构复杂、技术含量高，所以在产品初始保修期内，军方难以建立相应维修资

源，形成自主维修能力，需要承制单位提供延伸保修服务。发动机（动力）系统适用于完全外包型延伸保修和二维预防性维修策略，使用度可以用里程度量。为全面分析不同延伸保修模式下的决策模型，首先对部分外包型延伸保修决策模型进行验证分析，然后，在完全外包模式下确定发动机系统的延伸保修期及价格。

首先在加速失效时间（AFT）模型基础上，对二维延伸保修策略下发动机系统故障率函数进行构造。若二维保修策略下发动机系统故障服从威布尔分布，为与一维保修情形相区别，假设在设计使用率为 r_0 时系统累积故障分布函数为

$$F_0(t;\alpha_0) = 1 - \exp(-t/\alpha_0)^\beta \qquad (8-35)$$

其中，α_0 为设计使用率 r_0 下的尺度参数，β 为形状参数。因此，在使用率为 r 时，系统条件累积故障分布函数为

$$F(t;\alpha(r)) = 1 - \exp(-t/\alpha(r))^\beta \qquad (8-36)$$

使用率 r 下尺度参数 $\alpha(r)$ 为

$$\alpha(r) = \alpha_0\left(\frac{r_0}{r}\right)^\gamma \qquad (8-37)$$

因此，使用率 r 下对应的系统可靠度函数为

$$R(t;\alpha(r)) = \bar{F}(t;\alpha(r)) = \exp\left\{-\left(\frac{r}{r_0}\right)^{\gamma\beta}\frac{t^\beta}{\alpha_0^\beta}\right\} \qquad (8-38)$$

其中，γ 为 AFT 参数，由此可得对应的系统故障率和累积故障率函数分别为

$$h(t;\alpha(r)) = \frac{f(t;\alpha(r))}{\bar{F}(t;\alpha(r))} = \beta\left(\frac{r}{r_0}\right)^{\gamma\beta}\frac{t^{\beta-1}}{\alpha_0^\beta} \qquad (8-39)$$

$$H(t;\alpha(r)) = \left(\frac{r}{r_0}\right)^{\gamma\beta}\frac{t^\beta}{\alpha_0^\beta} \qquad (8-40)$$

以下如无特殊说明，时间单位统一为年。令设计使用率下的尺度参数 $\alpha_0 = 0.8$，形状参数 $\beta = 1.6$，AFT 参数 $\gamma = 1.15$，系统设计使用率 $r_0 = 1.0$，那么在不同使用率 r 下，发动机系统的故障概率密度函数和故障率函数如图 8-3 所示。

假设发动机系统初始保修期限为 $W = 2$ 年，$U = 2 \times 10^k \mathrm{m}$，在初始保修期内采用故障最小维修。在延伸保修期内采用定期预防性维修，预防性维修间隔为 T。预防性维修后发动机系统处于"修复如新"和"修复如旧"之间，恢复程度由改善因子决定，假设改善因子 $\alpha = 0.8$。在延伸保修期内军方对发动机系统可用度最低要求为 $A_0 = 0.9$，承制单位单位时间利润要求 $p = 1\,500$ 元/年。令单次预防性维修固定费用 $C_{pr} = 500$ 元，维修所用时间 $T_p = 4$ 天；单次最小

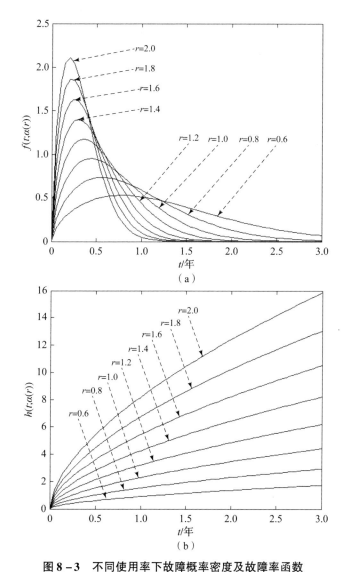

图 8 - 3　不同使用率下故障概率密度及故障率函数

$a_0 = 0.8$，$\beta = 1.6$，$\gamma = 1.15$；$r = 1.0$；（b）$a_0 = 0.8$，$\beta = 1.6$；$\gamma = 1.5$，$r_0 = 1.0$

维修固定费用为 $C_{fr} = 1\ 200$ 元，维修所用时间 $T_f = 8$ 天，维修工时费平均为每天 100 元，即 $C_d = 100$ 元/天。

在以上参数设置基础上，为全面分析二维延伸保修决策优化模型，下面将分别在部分外包型和完全外包型延伸保修模式下求解决策优化模型，合理制定发动机系统延伸保修期及价格，满足军地双方利益需求。

1. 部分外包型

如上所述，在部分外包型延伸保修模式下进行建模优化时，需事先给定延伸保修期限，假设发动机系统延伸保修期限为 $W_e = 5$ 年，$U_e = 6 \times 10^4$ cm。由于系统故障与使用率分布相关，下面将用均匀分布和正态分布两种常见分布形式进行示例分析，如图 8 – 4 所示。

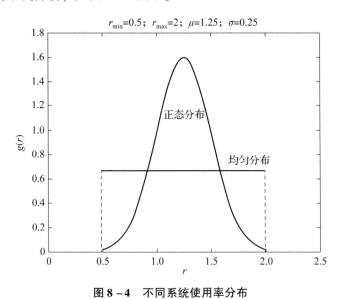

图 8 – 4 不同系统使用率分布

假设均匀分布的下限是 $r_{min} = 0.5$，上限是 $r_{max} = 2$；正态分布期望是 $\mu = 1.25$，均方差是 $\sigma = 0.25$，那么此时正态分布落在区间 $[0.5，2]$ 之间的概率为 99.74%。因此在这两种分布下，均可认为系统使用率的取值范围为 $[0.5，2]$，即 $r_l = 0.5$，$r_u = 2.0$。根据上文所提出的优化模型求解方法，考虑实际情况，令预防性维修间隔期 T 的取值区间为 $[0.05，3]$，变化步长为 0.05；将使用率区间 $[\min(r_w，r_e)，r_u]$ 划分为 10 个子区间，即 $N = 10$，每一个子区间长度为 0.1。

在以上数据假设的基础上，运用模型解析中所描述的算法，在发动机系统使用率为均匀分布 $R \sim U(0.5，2)$ 时，运用 Matlab 软件对延伸保修费用和可用度模型进行仿真优化，得到延伸保修费用、可用度随预防性维修间隔期 T 的变化情况如图 8 – 5 所示。

通过图 8 – 5 可以看出，当延伸保修周期和使用率分布一定时，随着预防性维修间隔期的增长，延伸保修费用先降低后升高，而可用度先升高后降低，大约在 $T = 0.5$ 年处延伸保修费用达到最小值且可用度满足军方要求。因此，存在最优的预防性维修间隔期使得延伸保修费用及可用度达到最优，进而可在满足可用度基础上，得到最优的延伸保修价格。

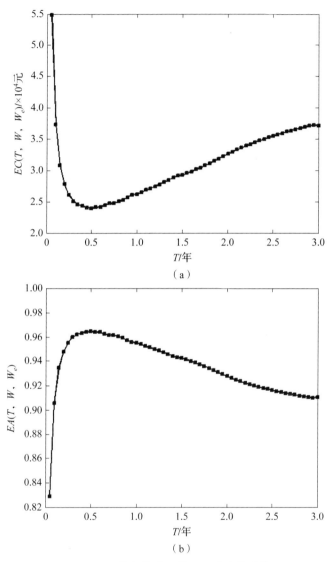

图 8 – 5　延伸保修费用及可用度变化趋势

（a）延伸保修费用变化趋势；（b）可用度变化趋势

在以上参数设置下，可得到二维延伸保修费用和可用度模型优化结果为

$T^* = 0.5$ 年，$EC(T^*, W, W_e) = 2.398\ 936 \times 10^4$ 元，$EA(T^*, W, W_e) = 0.964\ 5 > A_0$。

当预防性维修间隔期 T 大于延伸保修期长度，即在延伸保修期内不采用

预防性维修，所对应的延伸保修费用、系统可用度为

$$EC(T,W,W_e) = 3.711\ 682 \times 10^4\ 元，\quad EA(T,W,W_e) = 0.909\ 7。$$

同理，通过上述计算过程对模型进行求解优化，可得在其他延伸保修期限的情况下最优预防性维修间隔期 T^* 以及对应的延伸保修费用和可用度值，如表 8 - 1 所示。

表 8 - 1　均匀分布下不同延伸保修区域对应的决策优化方案

方案	W_e/年	$U_e/\times 10^4$ km	T^*/年	S/年	$EC/\times 10^4$ 元	EA
1	4.0	3.0	0.35	1.12	8.10958	0.957 4
2	4.0	4.0	0.40	1.69	1.298 587	0.964 6
3	4.0	5.0	0.40	2.09	1.711 535	0.965 6
4	4.0	6.0	0.40	2.36	2.045 812	0.964 9
5	5.0	4.0	0.50	1.99	1.432 281	0.962 7
6	5.0	5.0	0.50	2.54	1.936 616	0.965 1
7	5.0	6.0	0.50	2.95	2.398 936	0.964 5
8	5.0	7.0	0.50	3.26	2.783 848	0.963 6
9	6.0	5.0	0.50	2.84	2.070 360	0.964 7
10	6.0	6.0	0.50	3.38	2.622 486	0.963 8
11	6.0	7.0	0.50	3.80	3.115 033	0.962 5
12	6.0	8.0	0.50	4.14	3.551 178	0.961 1

在表 8 - 1 中，前 3 列表示不同延伸保修期方案和对应的延伸保修期限；T^* 和 S 分别表示不同延伸保修方案下最优的预防性维修间隔期和期望延伸保修周期长度；EC 和 EA 分别表示不同延伸保修方案下系统最小延伸保修费用及对应的可用度。

与使用率为均匀分布的情况相似，在使用率为正态分布 $R \sim N$（1.25，0.25^2）时，假设系统延伸保修期限为 $W_e = 5$ 年，$U_e = 6 \times 10^4$ km。运用 Matlab 软件对延伸保修费用和可用度模型进行仿真优化，得到延伸保修费用、可用度随预防性维修间隔期 T 的变化情况如图 8 - 6 所示。

由图 8 - 6 可以看出，与均匀分布情况类似，在使用率分布为 $R \sim N$

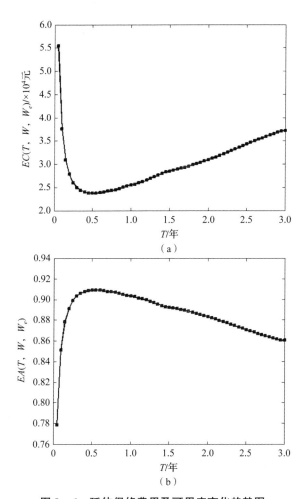

图 8 - 6　延伸保修费用及可用度变化趋势图

（a）延伸保修变化趋势；（b）可用度变化趋势

（1.25，0.25^2）时，在预防性维修间隔期 $T = 0.5$ 年左右延伸保修费用达到最小值且可用度满足军方要求，因此存在最优的预防性维修间隔期使得系统延伸保修费用及可用度达到最优，进而可在满足可用度要求基础上，得到发动机系统最优延伸保修价格。在正态分布下，可得到二维延伸保修模型优化结果为

$T^* = 0.55$ 年，$EC(T^*, W, W_e) = 2.376\ 749 \times 10^4$ 元，$EA(T^*, W, W_e) = 0.908\ 7 > A_0$。

当预防性维修间隔期 T 大于延伸保修期长度，即在延伸保修期内不采用预防性维修，所对应的延伸保修费用、可用度为

$EC(T,W,W_e)=3.720\,523\times10^4$ 元，$EA(T,W,W_e)=0.860\,4$。

同理，在其他延伸保修期限的情况下，通过上述计算过程对模型进行求解优化，可得在使用率服从正态分布时最优预防性维修间隔期 T^* 以及对应的延伸保修费用和系统可用度值，如表 8 – 2 所示。表中符号含义与均匀分布情况相同。

表 8 – 2　正态分布下不同延伸保修区域对应的决策优化方案

方案	W_e/年	U_e/$\times10^4$ km	T^*/年	S/年	EC/$\times10^4$ 元	EA
1	4.0	3.0	0.35	0.93	0.722 055	0.904 0
2	4.0	4.0	0.45	1.67	1.281 502	0.909 0
3	4.0	5.0	0.50	2.12	1.675 051	0.910 1
4	4.0	6.0	0.50	2.29	1.860 521	0.909 8
5	5.0	4.0	0.45	1.78	1.336 872	0.909 0
6	5.0	5.0	0.50	2.50	1.904 789	0.909 9
7	5.0	6.0	0.55	3.00	2.376 749	0.908 7
8	5.0	7.0	0.50	3.23	2.629 668	0.908 3
9	6.0	5.0	0.50	2.62	1.968 119	0.909 8
10	6.0	6.0	0.50	3.33	2.596 912	0.908 0
11	6.0	7.0	0.60	3.84	3.087 094	0.907 2
12	6.0	8.0	0.50	4.14	3.430 687	0.905 7

通过对以上结果及表 8 – 1、表 8 – 2 中的数据分析可得以下结论：

①对比在系统延伸保修期内采用和不采用预防性维修策略的优化结果，无论使用率是在均匀分布还是正态分布情况下，在延伸保修期内实施预防性维修都能降低延伸保修费用，提高系统可用度，进而在满足承制单位利益需求下，降低延伸保修价格。例如，当系统延伸保修期限为 $W_e=5$ 年，$U_e=6\times10^4$ km 时，在均匀分布和正态分布下发动机的延伸保修费用分别降低了 35.37% 和 36.12%，可用度提高了 6.02% 和 5.61%，充分验证了模型的有效性和科学性。

②对比表 8 – 1、表 8 – 2 中的结果可知，即使在使用率取值区间相同的情

况下，系统使用率分布的不同形式也会对优化结果造成很大影响，进而影响延伸保修价格的制定。例如，同样在 $r_l = 0.5$，$r_u = 2.0$ 下，方案 1 中，均匀分布延伸保修优化结果为：$T^* = 0.35$ 年，$EC(T^*, W, W_e) = 0.810\ 958 \times 10^4$ 元，$EA(T^*, W, W_e) = 0.957\ 4$；正态分布优化结果为：$T^* = 0.35$ 年，$EC(T^*, W, W_e) = 0.722\ 055 \times 10^4$ 元，$EA(T^*, W, W_e) = 0.904\ 0$。因此，正确使用优化模型的前提条件是通过对系统实际使用情况的统计数据，拟合出适用的分布函数。

③表中列出了不同延伸保修期限下部分最优预防性维修间隔期、最小延伸保修费用、系统可用度等数据，可以指导延伸保修期内的维修活动，在保证系统可用度基础上降低延伸保修费用。根据军地双方实际需求，选择合适的延伸保修周期，并在优化数据的基础上得到合理的延伸保修价格，以保证军地双方利益。在表 8 – 1、表 8 – 2 中数据的基础上，通过式（8 – 29）可得到不同使用率分布下各延伸保修方案对应的延伸保修价格，如表 8 – 3 所示。

表 8 – 3　不同使用率分布下各延伸保修方案的延伸保修价格

方案	延伸保修价格/ $\times 10^4$ 元 $R \sim U(0.5, 2)$	延伸保修价格/ $\times 10^4$ 元 $R \sim N(1.25, 0.25^2)$
1	0.978 958	0.861 555
2	1.552 087	1.532 002
3	2.025 035	1.993 051
4	2.399 812	2.204 021
5	1.730 781	1.603 872
6	2.317 616	2.279 789
7	2.841 436	2.826 749
8	3.272 848	3.114 168
9	2.496 360	2.361 119
10	3.129 486	3.096 412
11	3.685 033	3.663 094
12	4.172 178	4.051 687

2. 完全外包型

在完全外包型延伸保修模式下进行建模优化时，需要同时决策系统延伸保修期及价格。根据上文所提出的优化模型求解方法，考虑实际情况，令预防性维修间隔期 T 的取值区间为 $[0.1, 2]$，变化步长为 0.05；使用率 r 下的延伸保修周期 K_r 取值范围为 $[W_r+0.1, W_r+15]$，变化步长为 0.1；发动机系统更换费用为 $C_{re}=3.0 \times 10^4$ 元，其余参数设置与部分外包模式下一致。运用 Matlab 软件对完全外包模式下延伸保修优化模型式（8－33）和式（8－34）进行仿真计算，得到系统单位时间费用和可用度随延伸保修周期 $K_{r=1.5}$ 和预防性维修间隔期 $T_{r=1.5}$ 的变化趋势如图 8－7、图 8－8 所示。

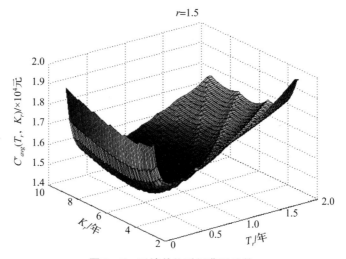

图 8－7　系统单位时间费用趋势

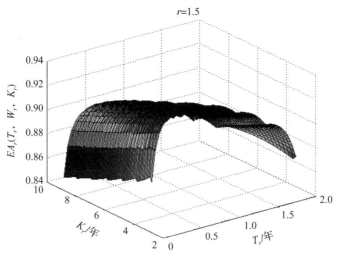

图 8－8　系统可用度变化趋势

为了便于对以上延伸保修费用三维图变化趋势进行直观分析，下面对其进行降维解析，如图 8 - 9 所示。

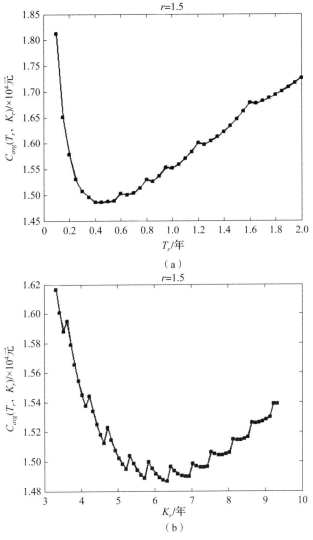

图 8 - 9　延伸保修费用二维解析图

（a）随 T_r 变化趋势；（b）随 K_r 变化趋势

由图 8 - 10 可以看出两个变化趋势图均存在最低点。可以看出，当使用率 r 一定时，存在最优的（T_r^*，K_r^*）使得发动机系统在使用寿命周期内单位时间费用最小，结合相应的可用度要求，即可得到最优的预防性维修间隔期和延伸保修周期，进而可以利用式（5 - 35）求得延伸保修价格。当 $r = 1.5$ 时，模型优化结果如下：

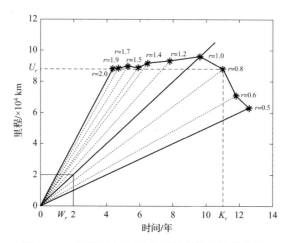

图 8 – 10　不同使用率下的延伸保修区域优化图

$T_r^* = 0.45$ 年，$K_r^* = 5.9$ 年，$U_r^* = 8.85 \times 10^4$ km，$C_{avg}(T_r^*, K_r^*) = 1.482\ 654 \times 10^4$ 元，$EA_r(T_r^*, W_r, K_r^*) = 0.916\ 4 > A_0$。

此时，若 $T_r \geqslant K_r$，即在延伸保修期内不采取预防性维修，模型优化结果为：

$K_r^* = 2.7$ 年，$U_r^* = 4.05 \times 10^4$ km，$C_{avg}(T_r^*, K_r^*) = 1.926\ 823 \times 10^4$ 元，$EA_r(T_r^*, W_r, K_r^*) = 0.869\ 1$。

同理，在其他系统使用率下，通过上述计算过程对模型进行求解优化，可得发动机系统的最优延伸保修周期、单位时间内最小费用、系统可用度等数据，部分结果汇总如表 8 – 4 所示。

表 8 – 4　完全外包模式下延伸保修决策优化方案

r	$T_r^* /$年	$K_r^* /$年	$U_r^* / \times 10^4$ km	$C_{avg}(T_r^*, K_r^*) / \times 10^4$ 元	EA_r
0.5	1.70	12.6	6.30	0.586 610	0.981 7
0.6	1.50	11.8	7.08	0.641 502	0.971 2
0.8	1.00	11.0	8.80	0.811 479	0.951 7
1.0	0.75	9.6	9.60	0.985 484	0.942 1
1.2	0.60	7.8	9.32	1.181 690	0.924 0
1.4	0.50	6.5	9.14	1.381 477	0.918 3
1.5	0.45	5.9	8.85	1.482 654	0.916 4
1.7	0.40	5.3	8.97	1.686 497	0.909 6

r	T_r^* /年	K_r^* /年	U_r^* / $\times 10^4$ km	$C_{avg}(T_r^*, K_r^*)$ / $\times 10^4$ 元	EA_r
1.9	0.35	4.7	8.84	1.892 693	0.908 2
2.0	0.30	4.4	8.80	1.996 694	0.902 0

通过对以上优化结果数据进行分析，可得如下结论：

①对比在发动机系统延伸保修期内采用和不采用预防性维修策略的优化结果，可以看出在延伸保修期内实施预防性维修能够降低系统使用寿命内单位时间费用，提高系统可用度，并延长发动机系统使用寿命。例如，当系统使用率 $r = 1.5$ 时，采取预防性维修策略后，在保证可用度的同时，系统使用时间和公里数均延长了 118.52%；单位时间费用降低了 23.05%，可用度提高了 5.44%，验证了模型的有效性和科学性。

②根据表 8-4 中的数据可得不同使用率下系统的优化结果。通过对比可以看出，随着系统使用率的升高，最优预防性维修间隔期 T_r^*、最优延伸保修周期 K_r^* 和可用度 EA_r 均呈下降趋势，而单位时间费用则呈上升趋势。这是由于随着系统使用率升高，发动机系统故障率也会随之增加。不同使用率 r 下发动机系统的延伸保修期限如图 8-10 所示。

（3）在表 8-4 数据的基础上，利用式（5-35）可得不同使用率下发动机系统合理的延伸保修价格，如表 8-5 所示。

表 8-5　不同使用率下延伸保修期及价格决策方案

r	$EC_r(T_r^*, W_r, K_r^*)$ / $\times 10^4$ 元	$K_r^* - W_r$ /年	$P_{EW}(W, W_e)$ / $\times 10^4$ 元
0.5	2.801 285	10.6	4.391 285
0.6	3.099 728	9.8	4.569 728
0.8	4.576 270	9.0	5.926 270
1.0	5.320 643	7.6	6.460 643
1.2	5.262 793	6.1	6.177 793
1.4	5.254 073	5.1	6.019 073
1.5	5.107 079	4.6	5.797 079
1.7	5.283 750	4.1	5.898 750

r	$EC_r(T_r^*, W_r, K_r^*)/\times10^4$ 元	$K_r^* - W_r$/年	$P_{EW}(W, W_e)/\times10^4$ 元
1.9	5.266.003	3.6	5.806 003
2.0	5.275 455	3.4	5.785 455

在表 8 – 5 中，$EC_r(T_r^*, W_r, K_r^*)$ 表示发动机系统延伸保修费用；$K_r^* - W_r$ 表示延伸保修期长度；$P_{EW}(W, W_e)$ 表示延伸保修价格。表中的延伸保修期及价格决策方案可以在满足军方对发系统可用度和承制单位对利润要求基础上，使得军队在发动机使用寿命中单位时间费用最小，提高了发动机系统延伸保修工作的军事经济效益。

8.4　本章小结

对于复杂产品某些系统来说，二维延伸保修是一种更为精确和科学的保修策略。本章针对适用于二维延伸保修策略系统，在延伸保修期内采用不完全预防性维修，基于加速失效时间（AFT）模型得到了不同使用率下系统故障函数，构建了二维预防性保修策略下系统延伸保修费用和可用度模型，并在不同延伸保修模式下进行了模型解析，并提出了有效解法。结合发动机系统实例在不同的使用率下，得到了部分外包型和完全外包型延伸保修模式下的最优延伸保修期及价格决策方案，对结果进行分析表明不同系统使用率下决策方案的差别很大。因此，合理统计分析系统使用率是科学决策二维延伸保修期及价格的基础。

参 考 文 献

[1] 荣明宗. 武器产品全系统全寿命管理的一个首要问题：武器产品全寿命期的阶段划分 [J]. 装备指挥技术学院学报，2002，13（2）：14 – 19.

[2] BERKE T M, ZAINO N A. Warranties：What are they? What do they really cost [C] //Proceedings Annual Reliability and Maintainability Symposium，1991.

[3] DJAMALUDIN I, MURTHY D N P. Warranty and preventive maintenance international journal of reliability [J]. Quality and Safety Engineering，2000，8（2），89 – 107.

[4] 萧景毓. 产品于世代交替下之最适价格与保固期决策模式 [D]. 台南：长荣大学，2006.

[5] MURTHY D N P, BLISCHKE W R. Warranty management and product manufacture [M]. London：Springer Science + Business Media，Inc，2006.

[6] PHAM H, WANG H Z. Imperfect maintenance [J]. European Journal of Operational Research，1996，94：425 – 438.

[7] BLISCHKE W R, MURTHY D N P. Product warranty handbook [M]. New York：Marcel Dekker，1996：128 – 137.

[8] KELLY C A. Warranty and consumer behavior product choice [A]. In Blischke W R and Murthy D N P. Product Warranty Handbook [M]. NewYork：Marcel Dekker，1996：409 – 419.

[9] WANG X L, XIE W. Two – dimensional warranty：A literature review [J]. Proceedings of the Institution of Mechanical Engineers，Part O：Journal of Risk and Reliability，2018，232（3）：284 – 307.

[10] WANG J T, ZHOU Z, PENG H. Flexible decision models for a two – dimensional warranty policy with periodic preventive maintenance [J]. Reliability Engineering and System Safety，2017，162：14 – 27.

[11] HUANG Y S, GAU W Y, HO J W. Cost analysis of two – dimensional

warranty for products with periodic preventive maintenance [J]. Reliability Engineering and System Safety, 2015, 134: 51 – 58.

[12] JACK N, ISKANDAR B P, MURTHY D N P. A repair – replace strategy based on usage rate for items sold with a two – dimensional warranty [J]. Reliability Engineering and System Safety, 2009, 94 (2): 611 – 617.

[13] HE S G, ZHANG Z M, ZHANG G H, et al. Two – dimensional base warranty design based on a new demand function considering heterogeneous usage rate [J]. International Journal of Production Research, 2017, 55 (23): 7058 – 7072.

[14] 王谦, 程中华, 白永生, 等. 预防性维修时间约束条件下产品二维保修决策模型研究 [J]. 指挥控制与仿真, 2019, 41 (4): 27 – 31.

[15] SHAFIEE M, CHUKOVA S. Two – dimensional warranty cost analysis for second – hand products [J]. Communications in Statistics—Theory and Method, 2011, 40 (4): 684 – 701.

[16] JACK N, VANDER F, SCHOUTEN D. Optimal repair – replace strategies for a warranted product [J]. International Journal of Production Economics, 2000, 67 (1): 95 – 100.

[17] REZAULKARIM M, SUZUKI K. Analysis of warranty claim data: A literature review [J]. International Journal of Quality & Reliability Management, 2005, 22 (7): 667 – 686.

[18] SU C, SHEN J. Analysis of extended warranty policies with different repair options [J]. Engineering Failure Analysis, 2012, 25: 49 – 62.

[19] MAJID H A, WULANDHARI L A, SAMAH A A, et al. A framework in determining extended warranty by using two dimensional delay time model [J]. Advanced Materials Research, 2012, 433 – 440: 2997 – 3002.

[20] 于俭, 毛春苗, 陈相佟. 不完全维修的二维产品保证成本 [J]. 工业工程与管理, 2010, 15 (4): 57 – 61.

[21] MANNA D K, PAL S, SAGNIK S. A use – rate based failure model for two – dimensional warranty [J]. Computers & Industrial Engineering, 2007, 52 (2): 229 – 240.

[22] SINGPURWALLA N D, WILSON S. The warranty problem: Its statistical and game theoretic aspects [J]. SIAM Review, 1993, 35 (1): 17 – 42.

[23] HUANG Y S, HUANG C D A, HO J W. A customized two – dimensional

extended warranty with preventive maintenance [J]. European Journal of Operational Research, 2017, 257 (3): 971 – 978.

[24] SU C, WANG X L. A two – stage preventive maintenance optimization model incorporating two – dimensional extended warranty [J]. Reliability Engineering and System Safety, 2016, 155: 169 – 178.

[25] WANG X, YE Z S. Design of customized two – dimensional extended warranties considering use rate and heterogeneity [J]. IISE Transactions, 2021, 53 (3): 341 – 351.

[26] SHAHANAGUI K, NOOROSSANA R, JALALI – NAINI S G, et al. Failure modeling and optimizing preventive maintenance strategy during two – dimensional extended warranty contracts [J]. Engineering Failure Analysis, 2013, 28: 90 – 102.

[27] KIM H G, RAO B M. Expected warranty cost of two – attribute free – replacement warranties based on a bivariate exponential distribution [J]. Computers and Industrial Engineering, 2000, 38 (4): 425 – 434.

[28] BAIK J, MURTHY D N P, JACK N. Two – dimensional failure modeling with minimal repair [J]. Naval Research Logistics, 2004, 51 (3): 345 – 362.

[29] KORDONSKY K B, GERTSBAKH I. System state monitoring and lifetime scales – I [J]. Reliability Engineering and System Safety, 1995, 47: 1 – 14.

[30] AHN C W, CHAE K C, CLARK G M. Estimating parameters of the power law process with two measures of failure time [J]. Journal of Quality Technology, 1998, 30: 127 – 132.

[31] DUCHESNE T, LAWLESS J F. Alternative time scales and failure time models [J]. Lifetime Data Analysis, 2000, 6: 157 – 79.

[32] PAL S, MURTHY. An application of Gumbel's bivariate exponential distribution in estimation of warranty cost of motorcycles [J]. International Journal of Quality & Reliability Management, 2003, 20: 488 – 502.

[33] MAJESKE K D. A non – homogeneous Poisson process predictive model for automobile warranty claims [J]. Reliability Engineering and System Safety, 2007, 92: 243 – 251.

[34] MANNA D K, PAL S, SINHA S. A note on calculating cost of two –

dimensional warranty policy [J]. Computers & Industrial Engineering, 2008, 54: 1071 – 1077.

[35] CORBU D, CHUKOVA S, SULLIVAN J O. Product warranty: Modelling with 2D – renewal process [J]. International Journal of Reliability and Safety, 2008, 2 (3): 209 – 220.

[36] JACK N, ISKANDAR B P, MURTHY D N P. A repair – replace strategy based on usage rate for items sold with a two – dimensional warranty [J]. Reliability Engineering and System Safety, 2009, 94: 611 – 617.

[37] SHAFIEE M, CHUKOVA S, SAIDI – MEHRABAD M, et al. Two – dimensional warranty cost analysis for second – hand products [J]. Communications in Statistics—Theory & Methods, 2011, 40: 684 – 701.

[38] VARNOSAFADERANI S, CHUKOVA S. A two – dimensional warranty servicing strategy based on reduction in product failure intensity [J]. Computers and Mathematics with Applications, 2012, 63: 201 – 213.

[39] BOUGUERRA S, REZG N. Opportunity study on the adoption of an extended two – dimensional warranty for a randomly failing product [C]. 9th International Conference on Modeling, Optimization & Simulation, 2012.

[40] VARNOSAFADERANI S, CHUKOVA S. An imperfect repair strategy for two – dimensional warranty [J]. Journal of the Operational Research Society, 2012, 63: 846 – 859.

[41] HUANG Y S, CHEN E, HO J W. Two – dimensional warranty with reliability – based preventive maintenance [J]. IEEE Transactions On Reliability, 2013, 62 (4): 898 – 907.

[42] TSOUKALAS M Z, AGRAFIOTIS G K. A new replacement warranty policy indexed by the product's correlated failure and usage time [J]. Computers & Industrial Engineering, 2013, 66: 203 – 211.

[43] 仝鹏, 刘子先, 门峰, 等. 基于产品使用率的二维延伸性汽车产品保证策略 [J]. 计算机集成制造系统, 2014, 20 (5): 1149 – 1159.

[44] HUANG Y S, GAU W Y, HO J W. Cost analysis of two – dimensional warranty for products with periodic preventive maintenance [J]. Reliability Engineering and System Safety, 2015, 134: 51 – 58.

[45] LI X Y, JIA Y X, LI Z. Optimal two – dimensional preventive maintenance policy based on asymmetric copula fuction [J]. Telkomnika, 2015, 13

（2）：722 – 729.

［46］ HAN Y C, JIA X S, BAI Y S, et al. An optimization research on two – dimensional preventive maintenance intervals ［C］. International Conference on Quality, Reliability, Risk, Maintenance, and Safety Engineering, 2015：409 – 414.

［47］ 甘茂治，康建设，高崎. 军用装备维修工程学：第 2 版 ［M］. 北京：国防工业出版社，2005.

［48］ 刘芳，赵建印，郭波. 可修系统任务分析与成功性评估模型 ［J］. 系统工程与电子技术，2007，29（1）：147 – 150.

［49］ JIA X S, CHRISTER A H. A prototype cost model of functional check decisions in reliability centered maintenance ［J］. Journal of the Operational Research Society, 2002, 53：1380 – 1384.

［50］ 白永生. 复杂系统维修周期优化模型研究 ［D］. 石家庄：中国人民解放军军械工程学院，2010.

［51］ ZHANG T L, HORIGOME H. Availability and reliability of system with dependent components and time – varying failure and repair rates ［J］. IEEE Transactions on Reliability, 2001, 50（2）：151 – 158.

［52］ RICHARD C, CASSADY I. MOHAMMED I, et al. A generic model of equipment availability under imperfect maintenance ［J］. IEEE Transactions on Reliability, 2005, 54（4）：564 – 571.

［53］ YEH R H, CHEN M Y, LIN C Y. Optimal periodic replacement policy for repairable products under free – repair warranty ［J］. European Journal of Operational Research, 2007, 176：1678 – 1686.

［54］ 王禄超. 预防性保修策略下的高新产品保修期研究 ［D］. 石家庄：中国人民解放军军械工程学院，2010.

［55］ 吕文元，朱清香. 单元件系统预防维修模型的建立及应用 ［J］. 上海理工大学学报，2006，28（4）：396 – 398.

［56］ 何厚伯，赵建民，许长安，等. 基于马尔可夫过程的健康状态评估模型 ［J］. 计算机与数字工程. 2011，39（7）：63 – 67.

［57］ 谷玉波，贾云献，张英波. 基于 Gamma 退化过程的剩余寿命预测及维修决策优化模型研究 ［J］. 轴承，2013（4）：44 – 49.

［58］ 张星辉，康建设，高存明，等. 基于 MoG – HMM 的齿轮箱状态识别与剩余使用寿命预测研究 ［J］. 振动与冲击，2013，32（15）：20 – 25.

［59］ TUNG V, TRAN, YANG B S. An intelligent condition – based maintenance platform for rotating machinery ［J］. Expert Systems with Applications, 2012, 39：2977 – 2988.

［60］ 孙磊. 基于状态的产品故障预测与维修决策方法及应用研究 ［D］. 石家庄：中国人民解放军军械工程学院, 2014.

［61］ 谢庆华, 张琦, 卢涌. 航空发动机单部件视情维修优化决策 ［J］. 解放军理工大学学报（自然科学版）, 2005, 6 (6)：575 – 578.

［62］ CHEN T, POPOVAL E. Maintenance policies with two – dimensional warranty ［J］. Reliability Engineering and System Safety, 2002, 77：61 – 69.

［63］ HU Q W, BAI Y S, ZHAO J M, et al. Modeling spare parts demands forecast under two – dimensional preventive maintenance policy ［J］. Mathematical Problems in Engineering, 2015：1 – 9.

［64］ VAN DER DUYN, SCHOUTEN F A. Two simple control policies for a multi – component maintenance systems ［J］. Operations Research, 1993, 41：1125 – 1136.

［65］ 李红霞. 几个可修系统的可靠性分析 ［D］. 秦皇岛：燕山大学, 2007.

［66］ NICOLAI R P, DEKKER R. Optimal maintenance of multi – component systems：A review ［R］. Econometric Institute Report, 2006.

［67］ 王凌. 维修决策模型和方法的理论与应用研究 ［D］. 杭州：浙江大学, 2007.

［68］ MURTHY D N P, NGUYEN D G. Study of two – component system with failure interaction ［J］. Naval Research Logistics Quarterly, 1985, 32 (2)：239 – 247.

［69］ PENG W, ZHANG X, HUANG H. A failure rate interaction model for two – component systems based on copula function ［J］. Proceedings of the Institution of Mechanical Engineers Part O – Journal of Risk and Reliability, 2016, 230 (3)：278 – 284.

［70］ LIU B, WU J, XIE M. Cost analysis for multi – component system with failure interaction under renewing free – replacement warranty ［J］. European Journal of Operational Research, 2015, 243 (3)：874 – 882.

［71］ PAGE L B, PERRY J E. A model for system reliability with common – cause failures ［J］. IEEE Transaction on Reliability, 1989, 38 (4)：406 – 410.

[72] TANG Z H, DUGAN J B. An integrated method for incorporating common cause failures in system analysis [C] //Reliability and Maintainability Symposium, 2004.

[73] XIE L Y. A knowledge – based multi – dimension discrete common cause failure model [J]. Nuclear Engineering and Design, 1998, 183: 107 – 116.

[74] XIE L Y. Pipe segment failure dependency analysis and system failure probability estimation [J]. International Journal of Pressure Vessels and Piping, 1998, 75: 483 – 488.

[75] ALBIN S L, CHAO S. Preventive replacement in systems with dependent components [J]. IEEE Transactions on reliability, 1992, 41 (2): 230 – 238.

[76] 高萍. 基于可靠性分析的复杂设备预防性维修决策研究 [D]. 北京: 清华大学, 2008.

[77] CUI L R, LI H J. Opportunistic maintenance for multi – component shock models [J]. Mathematical Methods of Operations Research, 2006, 63: 493 – 511.

[78] YU H Y, CHU C B, Ä – RIC CHÃ 8 1TBICT, 3e4 al. Reliability optimization of a redundant system with failure dependencies [J]. Reliability Engineering and System Safety, 2007, 92: 1627 – 1634.

[79] AZARON A, PERKGOZ C, KATAGIRI H, et al. Multi – objective reliability optimization for dissimilar – unit cold – standby systems using a genetic algorithm [J]. Computers & Operations Research, 2019, 32 (3): 1123 – 1457.

[80] DEKKER R, VAN DER DUYN S F A, WILDEMAN R E. A review of multi – component maintenance models with economic dependence [J]. Mathematical Methods of Operations Research, 1996, 1 (1): 19 – 38.

[81] LANGDON W, TRELEAVEN P. Scheduling maintenance of electrical power transmission networks using genetic programming [J]. Artificial Intelligence Techniques in Power Systems, Institution of Electrical Engineers, Stevenage, UK, 1997.

[82] STENGOS D, THOMAS L. The blast furnaces problem [J]. European Journal of Operational Research, 1980 (4): 330 – 336.

［83］ GRIGORIEV A, VAN DE KLUNDERT J, SPIEKSMA F. Modeling and solving the periodic maintenance problem ［J］. European Journal of Operational Research, 2006, 172: 783 – 797.

［84］ CHO D I. A survey of maintenance models for multi – unit systems ［J］. European Journal of Operational Research, 1991, 51: 1 – 23.

［85］ ROKSTAD M M, UGARELLI R M. Minimising the total cost of renewal and risk of water infrastructure assets by grouping renewal interventions ［J］. Reliability Engineering and System Safety, 2015, 142: 148 – 160.

［86］ ZHOU X J, LU Z Q, XI L F. Preventive maintenance optimization for a multi – component system under changing job shop schedule ［J］. Reliability Engineering and System Safety, 2012, 101: 14 – 20.

［87］ 丁申虎. 复杂产品组合维修决策模型及应用研究 ［D］. 南京: 中国人民解放军陆军工程大学, 2018.

［88］ 蔡景, 左洪福, 刘明, 等. 复杂系统成组维修策略优化模型研究 ［J］. 应用科学学报, 2006, 24 (5): 533 – 537.

［89］ SHEU S, JHANG J. A generalized group maintenance policy ［J］. European Journal of Operational Research, 1996, 96: 232 – 247.

［90］ 程志君, 郭波. 多部件系统机会维修优化模型 ［J］. 工业工程, 2007, 10 (5): 66 – 69.

［91］ 蔡景, 左洪福, 王华伟. 基于机会维修的复杂系统维修费用仿真研究 ［J］. 系统仿真学报, 2007, 19 (6): 1397 – 1399.

［92］ DONG W J, LIU S F, DU Y Y. Optimal periodic maintenance policies for a parallel redundant system with component dependencies ［J］. Computers and Industrial Engineering, 2019, 138.

［93］ DINH D H, DO P, IUNG B. Maintenance optimisation for multi – component system with structural dependence: Application to machine tool sub – system ［J］. CIRP Annals – Manufacturing Technology, 2020, 69 (1): 417 – 420.

［94］ CHO I D, PARLAR M. A survey of maintenance models for multi – unit systems ［J］. European Journal of Operational Research, 1991, 51: 1 – 23.

［95］ SCARG P A. On the application of mathematical models in maintenance ［J］. European Journal of Operational Research, 1997, 99: 493 – 506.

[96] DOYLE E K. On the application of stochastic models in nuclear power plant maintenance [J]. European Journal of Operational Research, 2004, 154: 673 – 690.

[97] DEKKER R, ROELVINK I F K. Marginal cost criteria for preventive replacement of a group of components [J]. European Journal of Operational Research, 1995, 84: 467 – 480.

[98] VAN DIJKHUIZEN G, VAN HARTEN A. Optimal clustering of frequency – constrained maintenance jobs with shared set – ups [J]. European Journal of Operational Research, 1997, 99: 552 – 564.

[99] 蔡景, 左洪福, 王华伟. 基于经济相关性的复杂系统维修优化模型研究 [J]. 系统工程与电子技术, 2007, 29 (5): 835 – 838.

[100] 赵建华, 赵建民, 赵丽琴. 多部件系统故障预防工作的组合优化 [J]. 数学的实践与认识, 2005, 35 (6): 182 – 188.

[101] LAGGOUNE R, CHATEAUNEUF A, AISSANI D. Opportunistic policy for optimal preventive maintenance of a multi – component system in continuous operating units [J]. Computers and Chemical Engineering, 2009, 33: 1499 – 1510.

[102] DEKKER R, VAN DER MEER J, PLASMEIJER R, et al. Maintenance of light – standards: A case – study [J]. Journal of the Operational Research Society, 1998, 49: 132 – 143.

[103] PHAM H, WANG H. Optimal (τ, T) opportunistic maintenance of a k – out – of – n: G system with imperfect PM and partial failure [J]. Naval Research Logistics, 2000, 47: 223 – 239.

[104] GALANTE G, PASSANNANTI G. An exact algorithm for preventive maintenance planning of series – parallel systems [J]. Reliability Engineering and System Safety, 2009, 94: 1517 – 1525.

[105] SUNG H J. Optimal maintenance of a multi – unit system under dependencies [D]. Atlanta: Georgia Institute of Technology, 2008.

[106] CHA S S. AeSOP: An interactive failure mode analysis tool [C] // Proceedings of COMPASS' 94 – 1994 IEEE 9th Annual Conference on Computer Assurance, 1994.

[107] 苏春, 黄茁, 许映秋. 基于遗传算法和蒙特卡洛仿真的设备维修策略优化 [J]. 东南大学学报, 2006, 36 (6): 941 – 945.

［108］ WATANABE Y, OIKAWA T, MURAMATSU K. Development of the DQFM method to consider the effect of correlation of component failures in seismic PSA of nuclear power plant［J］. Reliability Engineering and System Safety, 2003, 79: 265 –279.

［109］ AUGUST J K, VASUDEVAN K, MAGNINIE W H. Effective maintenance PM task selection requirement［C］//Proceedings of International Joint Power Generation Conference and Turbo Expo, 2003: 1 –10.

［110］ AUGUST J K, RAMEY B, VASUDEVAN K. Baselining Strategies to improve PM implementation［C］//Proceedings of PWR 2005, 2005: 1 – 11.

［111］ TSAI Y T, WANG K S, TSAI L C. A study of availability – centered preventive maintenance for multi – component systems［J］. Reliability Engineering and System Safety, 2004, 84: 261 –270.

［112］ BERTLING L, ALLAN R, ERIKSSON R. A reliability – centered asset maintenance method for assessing the impact of maintenance in power distribution systems［J］. IEEE Transactions, 2019, 23 (4), 245 –278.

［113］ ISKANDAR B P, MURTHY D N P, JACK N. A new repair – replace strategy for items sold with a two – dimensional warranty［J］. Computers and Operations Research, 2005, 32 (3): 669 –682.

［114］ VARNOSAFADERANI S, CHUKOVA S. A two – dimensional warranty servicing strategy based on reduction in product failure intensity［J］. Computers and Mathematics with Applications, 2012, 63 (1): 201 –213.

［115］ ISKANDAR B P, MURTHY D N P. Repair – replace strategies for two – dimensional warranty policies［J］. Mathematical and Computer Modelling, 2003, 38 (11): 1233 –1241.

［116］ MURTHY D N P, WILSON R J. Modeling 2 – dimensional warranties［C］//Applied Stochastic Models and Data Analysis, 1991: 481 –492.

［117］ YUN W Y, KANG K M. Imperfect repair policies under two – dimensional warranty［J］. Proceedings of the Institution of Mechanical Engineers, Part O: Journal of Risk and Reliability, 2007, 221 (4): 239 –247.

［118］ MOSKOWITZ H, CHUN Y H. A poisson regression model for two – attribute warranty policies［J］. Naval Research Logistics, 1994, 41 (3):

355 – 376.

[119] JACK N, ISKANDAR B P, MURTHY D N P. A repair – replace strategy based on usage rate for items sold with a two – dimensional warranty [J]. Reliability Engineering and System Safety, 2009, 94 (2): 611 – 617.

[120] KIM H G, RAO B M. Expected warranty cost of two – attribute free – replacement warranties based on a bivariate exponential distribution [J]. Computers and Industrial Engineering, 2000, 38 (4): 425 – 434.

[121] BAIK J, MURTHY D N P, JACK N. Two – dimensional failure modeling with minimal repair [J]. Naval Research Logistics, 2004, 51 (3): 345 – 362.

[122] KORDONSKY K B, GERTSBAKH I. System state monitoring and lifetime scales – I [J]. Reliability Engineering and System Safety, 1995, 47 (1): 1 – 14.

[123] AHN C W, CHAE K C, CLARK G M. Estimating parameters of the power law process with two measures of failure time [J]. Journal of Quality Technology, 1998, 30: 127 – 132.

[124] BARLOW R E, HUNTER L C. Optimum preventive maintenance policies [J]. Journal of the Operational Research Society of America, 1960, 8: 90 – 100.

[125] CHAN P K W, DOWNS T. Two criteria for preventive maintenance [J]. IEEE Transactions on Reliability, 1978, 27: 272 – 273.

[126] NAKAGAWA T. Optimum policies when preventive maintenance is imperfect [J]. IEEE Transactions on Reliability, 1979, 28 (4): 331 – 332.

[127] NAKAGAWA T. Imperfect preventive maintenance [J]. IEEE Transactions on Reliability, 1979, 28 (5): 402.

[128] NAKAGAWA T. A Summary of imperfect maintenance policies with minimal repair [J]. RAIRO, Recherche Operationnelle, 1980, 14: 249 – 255.

[129] BROWN M, PROSCHAN F. Imperfect repair [J]. Journal of Applied Probability, 1983, 20 (4): 851 – 859.

[130] ROBERT A F, FRANK P. Some imperfect maintenance models [R]. Florida: Florida State University, 1983.

[131] BLOCK H W, BORGES W S, SAVITS T H. Age dependent minimal repair [J]. Journal of Applied Probability, 1985, 22: 370 – 385.

[132] MALIK M A K. Reliable preventive maintenance policy [J]. AIIE Transactions, 1979, 11 (3): 221 – 228.

[133] LIE C H, CHUN Y H. An algorithm for preventive maintenance policy [J]. IEEE Transactions on Reliability, 1986, 35 (1): 71 – 75.

[134] SURESH P V, CHAUDHURI D. Preventive maintenance scheduling for a system with assured reliability using fuzzy set theory [J]. International Journal of Reliability, Quality and Safety Engineering, 1994, 4: 497 – 513.

[135] JAYABAKM V, CHAUDHURI D. Cost optimization of maintenance scheduling for a system with assured reliability [J]. IEEE Transactions on Reliability, 1992, 41 (1): 21 – 26.

[136] JAYABALAN V, CHAUDHURI D. Sequential imperfect preventive maintenance policies: A case study [J]. Microelectronics and Reliability, 1992, 32 (9): 1223 – 1229.

[137] GHAN J K, SHAW L. Modeling repairable systems with failure rates that depend on age and maintenance [J]. IEEE Transactions on Reliability, 1993, 42: 566 – 570.

[138] KIJIMA M, MORIMURA H, SUZUKI Y. Periodical replacement problem without assuming minimal repair [J]. European Journal of Operational Research, 1988, 37 (2): 194 – 203.

[139] KIJIMA M. Some results for repairable systems with general repair [J]. Journal of Applied Probability, 1989, 26: 89 – 102.

[140] KIJIMA M, NAKAGAWA T. Accumulative damage shock model with imperfect preventive maintenance [J]. Naval Research Logistics, 1991, 38: 145 – 156.

[141] KIJIMA M, NAKAGAWA T. Replacement policies of a shock model with imperfect preventive maintenance [J]. European Journal of Operational Research, 1992, 57: 100 – 110.

[142] WANG H, PHAM H. A quasi renewal process and its application in the imperfect maintenance [J]. International Journal of Systems Science, 1996, 27: 1055 – 1062

[143] SHAKED M, SHANTHIKUMAR J G. Multivariate imperfect repair [J]. Operations Research, 1986, 34: 437 – 448.

［144］NAKAGAWA T. Sequential imperfect preventive maintenance policies ［J］.
　　　　IEEE Transactions on Reliability，1988，37（3）：295－298.

［145］蔡丽影. 产品合同商保障关键问题研究 ［D］. 石家庄：中国人民解放
　　　　军军械工程学院，2011.

［146］石全，王立欣，史宪铭，等. 系统决策与建模 ［M］. 北京：国防工业
　　　　出版社，2016.

［147］杨志远. 高新军械产品延伸保修决策方法研究 ［D］. 石家庄：中国人
　　　　民解放军军械工程学院，2015.

［148］张培林，李国章，傅建平. 自行火炮火力系统 ［M］. 北京：兵器工业
　　　　出版社，2002：19－25.

［149］邝圆晖. 有限时间域内不完全预防维修模型及优化研究 ［D］. 大连：
　　　　大连理工大学，2007.

［150］LANGDON W B，TRELEAVEN P C. Scheduling maintenance of electrical
　　　　power transmission networks using genetic programming ［J］. IEE Power
　　　　Series，1997：220－237.

［151］LEGAT V，JURCA V，HLADIK T，等. 以企业利润为中心的维修 ［J］.
　　　　设备管理与维修，2005，12：37－39.